marine_IT

FUTURE UNIVERSITY HAKODATE

マリンITの出帆

舟に乗り 海に出た 研究者のお話

和田雅昭 & マリンスターズ

FUN Press

まえがき

マリンＩＴは、公立はこだて未来大学が提唱する新しい研究領域である。マリンＩＴをひとことで説明すると、研究者と漁業者が一体となって切り拓く近未来型の水産業を実現するための情報技術である。研究者の役割は水産資源と海洋環境を可視化すること。そして、漁業者の役割は可視化された情報をもとに持続可能な水産業に取り組むこと。マリンＩＴの研究成果はすでに全国の、そして世界の海で利用されている。このように、研究者と漁業者が一体となって研究領域を開拓した事例は、世界的にみてもユニークである。２０１２年、大学はマリンＩＴをフラッグシップとなる研究領域と位置づけ、マリンＩＴ・ラボという研究組織を設置した。

さて、本書を企画するにあたって、最初に誰に向けて書くのか、仮想の読者像を決める必要があった。水産業界の人、学界の人、政界の人、等々。色々な意見が出たなかで、僕は迷わず「高校生」を選んだ。その理由は…。

僕が公立はこだて未来大学に着任した10年前に比べて、目が輝いている学生が少なくなったように感じている。研究にしても就職にしても、自分が何に興味があるのか、わからないでいるように見える。具体的な目標が持てないことから、短絡的に成果だけを求めてしまう。その結果、視野が狭くなり、考えることだけが先行して手が動かないのである。

では、この10年間で学生の持つ力が変わってしまったのかというと、僕はそうではないと思っている。社会が変わり、世代が変わったとしても、学生の持つ力は変わっていない。ただ、興味の持てる対象に出会えていないために、力が表に出てこないのである。興味の持てる対象に向きあっていれば、自然に目は輝き、力は表に出てくる。勉強や将来に具体的な目標が持てるようになり、一生懸命に努力したくなる。視野が広がり、考える前に手が動くようになる。そして、一生懸命な姿は、まわりを動かす。家族も、教員も、友達も、みんなが応援したくなるのである。

本書は『マリンＩＴの出帆』というタイトルのとおり、海と情報技術を中心に話題を展開している。しかしながら、僕が本書を通じて伝えたいことは、海に興味を持って欲しいとか、僕らの取り組みに興味を持って欲しいということだけではない。「興味の持てる対象に出会うことは、とても素晴らしいことなんだ」ということを伝えたくて、僕の体験談を中心に、マリンＩＴの軌跡をまとめたつもりだ。海という興味の対象があり、志の実現に向かって一生懸命だったことで、多くの仲間と出会い、マリンＩＴという研究領域を開拓することができた。そして、マリンＩＴの輪は全国へ、さらには世界へと広がっている。

著者　和田　雅昭

目次

marine PLOTTER のアイコン

第1章

マリンIT前史

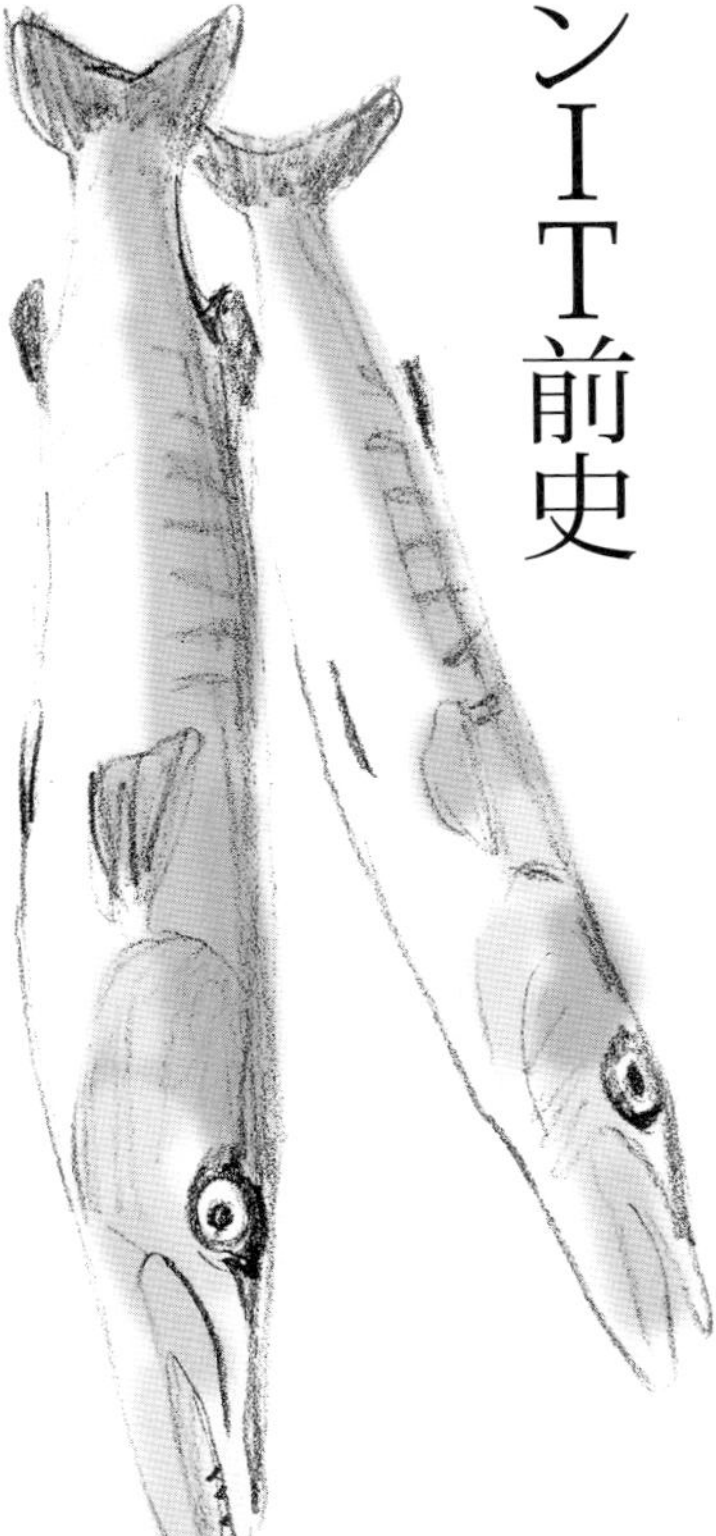

小さいころから釣り好きの父に

小さいころから釣り好きの父に、よく海に連れて行ってもらった。もの心がついたころには父の釣竿を握っていた。小学生になって、自分専用の釣竿を買ってもらったときの喜びは今でもよく覚えている。船釣に連れて行ってもらう前の日の夜はワクワクしてなかなか眠れなかった。中学生になると部活が休みの日には友達と電車に乗って、住んでいた仙台から塩釜や松島へ釣りに出掛けるようになった。高校生になってもそれは変わらなかった。父は国鉄、のちにJRで新幹線の運行管理の仕事をしており、工具や半田コテ、テスターは常に家の引き出しの中にあった。日曜大工でおもちゃの引き出しやモルモットの小屋を一緒に作ったりもした。そんな環境で育ったから、小さいころから何かを分解したり、修理したり、はたまた、修理するつもりで壊したり、何かを作ったりすることが好きであった。

大学に行かなかった父は、僕が小さいころから大学に行くように言ってくれた。高校受験では希望する高校に入ることができたが、入学後、何かつまらないと感じていた時期があった。好きな野球をやっているから3年間我慢できそうだけど、野球をやっていなかったら果たして高校に通い続けるだろうか？と本気で思った。次に、大学は4年間だから、さらに長いのに、楽しいと思えることを学ばないと確実に通わなくなると思った。

そんなある日、テレビで魚の遺伝子組み換えのニュースが流れた。内容はよ

東名漁港

郷里に近い宮城県東松島市の東名漁港。震災前後で海の環境が大きく変わったという。2014 年、震災後はじめて漁業者が自信を持って美味しいと言えるカキが育った。復興が進み漁業者の表情も明るい。現在、マリン IT・ラボは宮城県をはじめとする東北の水産業復興支援にも力を入れている。

く覚えていないが、遺伝子組み換えで病気に強い魚を作った、というようなことだったかと思う。ちょうど生物の授業で遺伝子を習っていたタイミングでもあり、人間が遺伝子に手を加えられることに驚き、同時に興味を抱いた。翌日、担任の先生に、「水産を学びたいのですが、どこの大学がいいでしょうか?」と聞いた。「そりゃ、コクダイだろ」と間髪おかずに答えが返ってきた。「コクダイ???」。友達に「コクダイ」ってどこの大学? と聞いた。「ホ・ク・ダ・イ、北海道大学でしょ」と言われた。あぁ、聞き違えたのか、そうか北海道か、と気づいた。

その瞬間に、心はほぼ決まった。北海道という憧れと、担任の先生が即答するのだから水産では有名なのだろうと思った。あとは、地元の大学ではなくわざわざ北海道に行く理由を正当化するために、もう少し調べた。北海道大学のほか、長崎大学と鹿児島大学に水産学部があった。また、東京水産大学(現・東京海洋大学)という、水産系単科大学もあった。この中でいちばん多く練習船を持っているのは北海道大学であった。また、北海道大学水産学部は函館にキャンパスがあり、教養課程を札幌キャンパスで、専門課程を函館キャンパスで学ぶというユニークなカリキュラムであった。つまり、友達と一緒に札幌から函館に引っ越すのである。これも面白いと思った。

正当化する理由ができたことから、高校1年の夏には、北海道大学水産学部を受験することを決めた。早い段階で志望校が決まっていたので、受験の準備はしやすかった。3年後、晴れて北海道の大地に立っていた。

北大水産学部の漁業学科へ

高校では物理が最も好きで、かつ、得意な科目であった。特に数式で物体の運動を表現する運動方程式は、目に見える現象を扱うことからイメージしやすく、運動が計算できるという点で興味を持った。大学1年の物理では、担当の先生が水産学部の学生向けの講義をしてくれ、流体を扱った。これがまた楽しかった。反対に、生物の演習ではラットの解剖を行ったが、これは楽しいと思えなかった。そんなこともあり、テレビで見たような遺伝子組み換えが学べる水産増殖学科ではなく、工学系の漁業学科を選んだ。遺伝子組み換えとは別の道を進むこととなったが、楽しいと思えることを学ぶことができていた。漁業学科には3年次と4年次にそれぞれ2週間ずつ練習船に乗っての実習航海があり、それも魅力のひとつであった。

4年次の研究室配属では、希望する研究室に進むことができた。卒業研究ではホタテ養殖漁船の復原性（転覆に対する安全性）をテーマとし、船舶復原論という大好きな物理を学ぶことができた。函館の北、大沼を越えてクルマで1時間ほどの距離に位置する内浦湾に面した鹿部（しかべ）町の鹿部漁業協同組合が快く実験に協力してくれ、何度かホタテ養殖漁船に乗せてもらった。水揚げしたばかりのホタテを漁船の上で食べさせてもらい、その味に感動したことを覚えている。そんな僕を見て、漁業者は「うまいか？」と言って、うれしそうに笑っていた。

鹿部漁港

駒ケ岳山麓の一角に位置する鹿部町。水産業が基幹産業であり大小 3 つの漁港をもつ。特にホタテ養殖業は水揚額の 52.8%（平成 25 年北海道水産現勢）を占める主力産業である。鹿部町には道内唯一の漁業研修所がある。マリン IT・ラボと鹿部漁業協同組合青年部との交流は 2007 年にスタートした。

大好きな函館で就職を果たす

大学を選んだ時の積極性から比べると、就職活動は信じられないほどのんびりとしていた。函館の街が気に入り、函館に残るため函館市の職員試験を受けようと思っていたためである。父が転勤族で小さいころは2年ごとに引っ越しをしていたことから、ひとつの土地に長く住むのも悪くないと思った。函館市は一次試験で見事に落ちた。そして、就職が決まらないまま、卒業研究は終盤にさしかかっていった。

実験のため、真冬にホタテ養殖漁船に乗船し、操業に同行したことがあった、夜明け前に出港し、肌を刺すような冷たい風の中で、漁業者は大変な重労働をしていた。なんとはなしに「大変じゃないですか?」と聞いてみた。「そりゃ大変だよ、兄さん俺たち漁師が楽になる道具を作ってくれよ」と言われた。その時、自分が道具を作ってこの人たちが喜んでくれるなら作ってみたい、そして、何の根拠も技術もないがきっと作れると思った。

函館

全国有数の水産都市「函館」。産学官が連携し函館国際水産・海洋都市構想を推進している。函館市は第 9 回地域ブランド調査 2014 において全国で最も魅力的な市区町村に選ばれた。函館山からの夜景が有名だが、昼景も美しい。函館山の標高は 334 m であり、東京タワーの高さ（333 m）にほぼ等しい。ちなみに五稜郭タワーの高さは 98 m である。

そんなある日、指導教授から明日市内の企業に面接に行くようにと言われた。株式会社東和電機製作所という、自動イカ釣機に代表される漁業用省力機器のメーカーであった。なんと、当日は同社の常務がクルマで大学まで迎えにきてくれた。そして、教授と一緒にそのクルマに乗って面接に行った。面接というよりは、社長に挨拶に行ったという感じだったが、めでたく採用してくれることになった。大好きな函館に残り、しかも漁業者の仕事を楽にする道具を作る仕事に就くことができた。

後日談ではあるが、函館に社長や支店長、教授といった肩書きの面々が集まるスナックがある。同社の社長も指導教授も常連で、話をしたことはないがお互い顔見知りではあったらしい。どうしたことか、その日に限って他に客はおらず、カウンターに並んで初めて話をすることになったが、お互いを知らないので話題に困った教授が、「市役所の試験に落ちて就職が決まっていないバカがいる」、と切り出したらしい。そのまま、「じゃあうちで引き受けましょう」と社長が答え、どうやら、僕の就職はそのスナックで決まっていたようだ。それが面接の数日前の夜の出来事である。

初めての製品開発

就職して、毎日の仕事は1時間のクルマ洗いから始まった。クルマ洗いは冬でも手作業で、入社後5年間続いた。そんな会社だから、事務所も工場もとてもキレイな環境であった。社長は「掃除とは心を磨くこと」と言っていた。体を動かすことは好きだし、部署が違って仕事では話をする機会の少ない人と話をする場にもなったので、まったく苦にならなかった。冬になれば雪かきもしたし、6年目からはトイレ掃除もした。このようにして身についた、常にまわりの環境を整えておくという習慣は、その後の仕事面でもプラスになったものと思っている。

入社後数ヵ月は研修のため、工場でイカ釣機を組み立てる仕事をした。これもまた楽しかった。卒業研究でお世話になった鹿部漁業協同組合の漁業者は会社のお客様で、僕が入社したことを知ってある日会社に遊びに来てくれた。とてもうれしかった。研修を終えると、ホタテ養殖ではなくイカ釣に関連する開発を担当することになった。

最初はイカ釣機のオプション製品を開発した。会社は母校の北大水産学部から車で5分程度の距離にあり、就職後もわからないことがあれば大学を訪ねていくことが少なくなかった。このオプション製品は魚群探知機から出力される信号を受信して、フォーマット変換したのち、イカ釣機に信号を送信するものであり「魚探連動ユニット」という名がついた。

製品が完成し、取り付けのため、お客様（＝イカ釣漁船）に出向くようになった。この最初に手掛けた製品でひとつの思い出がある。中型イカ釣漁船に製品を取り付けたがうまく動かない。パソコンを持って行くと、魚群探知機からは国際規格とは微妙に異なる信号が出力されていた。原因はわかったが時間がない。船頭に聞くと、あと数時間後に出港するとのことであった。さらに、次に帰港するのは2週間後だという。「プログラムを直せば動くようになりますが、今日の出港に間に合えば（この製品を）使いますか？」と聞いた。「そ

イカ釣漁船
イカ釣漁船は30トン未満が小型イカ釣漁船に、30トン以上185トン未満が中型イカ釣漁船に、185トン以上が大型イカ釣漁船に分類される。2013年漁業センサス（農林水産省）によると、全国の小型イカ釣漁船数は3,553隻、中型イカ釣漁船数は77隻、大型イカ釣漁船数は1隻である。写真は函館漁港の小型イカ釣漁船。

りゃ、使えたらうれしいよ」との回答であった。会社までは片道10分程度、それにプログラムの修正と動作確認に要する作業時間を含めて…「1時間で戻ってきます！」と言って船を飛び出した。

会社に戻って課長に説明すると「できもしない約束などしてくるな！」と頭ごなしに怒られた。ただ、自分では１００％の勝算がある。プログラムを修正している間、課長は腕を組んで僕の後ろに仁王立ちしていた。動作確認が終わって約束通り1時間で船に戻った。果たして、無事動作した。船頭は喜んでくれ、僕もうれしかった。会社に戻ると、また課長に怒られた。翌朝、日課の朝礼が終わったあと、社長が呼んでいるから事務所に行くようにと言われた。また怒られるのか…と思った。事務所に行くと社長と課長が待っていた。課長はまだ機嫌が悪そうだった。社長に「昨日出港の直前にプログラムを直したそうだね」と言われた。「はい」としか答えられなかった。「よくやった」社長はそれだけ僕に言った。うれしかった。

株式会社東和電機製作所

主力製品であり「はまで式」と呼ばれる自動イカ釣機は世界市場シェアの約 7 割を占める。2014 年 12 月放送のカンブリア宮殿（テレビ東京）で「革命起こした小さな世界企業」と紹介された。夏は函館港まつり、冬は餅つきなど、会社の行事は家族も一緒に参加できるものだった。漁獲感謝祭やソフトボール大会といった行事もあった。1996 年の社員旅行は 2 グループに分かれて交替でハワイに連れて行ってもらった。2013 年に 50 周年を迎えた。

海を相手にする技術の難しさ

次の開発は、会社が特許を取得していたが、まだ実現できていない装置の開発であった。イカ釣は世界で最も機械化の進んだ漁業のひとつであるとされ、函館近海に見える漁火（いさりび）の下では、1隻の漁船にたった1人の漁業者が乗り込み、漁船に設置された十数台のイカ釣機を操りながら操業を行っている。イカ釣機は休むことなく、イカが釣れても釣れなくても針の上げ下げを延々と繰り返す。連結針と呼ばれるイカ釣機専用の針には、通常の釣針とは異なり、かえし*がない。それゆえ、船上に釣り上げられたイカは自動的に針から外れるため人手を要さない。裏を返せば、一度針に掛かったイカも、針から逃げるチャンスがあるのである。

通常、一定の速度で釣り上げている場合には、すなわち、テグスが張っている状態ではイカは針から逃げることはできない。ところが、波浪で漁船が揺れてテグスが弛むとイカは容易に逃げることができる。そのため、時化（しけ）

＊　針に掛かった魚を外れにくくするための針先の小さな突起

連結針

自動イカ釣機の左右のドラムには、それぞれ30本ずつの連結針が1m間隔で結束されている。連結針の全長は約10cmである。強弱をつけてドラムを回転させること（これをシャクリと呼ぶ）で連結針を小魚のように見せかけ、イカをだまして釣り上げる。ヒトとイカの知恵比べである。

の日は凪（なぎ）の日に比べて漁獲が悪くなる。実際に慣れてくると、イカ釣機のモーター音で、イカが逃げたことが分かるようになる。取得していた特許は、時化の日の漁獲を向上させるため、漁船の揺れを検知してテグスが弛むことのないようモーターの回転を制御する仕組みに関するものであった。物理が大好きな僕にはピッタリの開発テーマであった。漁船の揺れを検知するための加速度センサを用いたハードウェアは先輩が設計してくれた。

僕はソフトウェア（アルゴリズムの構築とプログラムの開発）を担当した。これがなかなかうまく動かない。理論的には加速度を積分して速度に変換し、速度を積分することで変位が求められる。しかしながら、単純にそれを行うだけだと、そのうち漁船が空を飛ぶか、海に潜る計算結果となる。センサのデータシートに書かれた値は代表値でしかなく、センサ個々に大きなバラツキがあった。加えて、イカ釣機は動き出すとモーターによる発熱で内部温度は60℃を越える。そのため、温度ドリフト*が無視できなくなる。ちょっとの揺れで大きく反応したり、大きな揺れでまったく反応しなかったり、試行錯誤が続い

＊　周囲温度の変化によってセンサの出力（ゼロ点、感度）が変動すること

た。フィールドの難しさを肌で感じた。

イカ釣機の装置として開発したものではあったが、最初に採用されたのはスケトウダラの揚縄機であった。揚縄機は漁船1隻に1台だけ設置される。揚縄機を購入してくれたお客様の漁船にも乗った。「これいいね」と言ってもらえた。

大型イカ釣漁船への実装

次に、大型イカ釣漁船での評価の機会を得た。1992年に公海での流し網が国連決議により禁止となったことを受け、アカイカと呼ばれる大型イカの代替漁法として、水産庁がイカ釣による試験操業を実施し、試験項目のひとつにこの装置が採用されたのである。大型イカ釣漁船には約50台のイカ釣機が装備されている。試験操業は太平洋のど真ん中、日付変更線付近の海域で行われ、約1ヵ月間の無寄港操業となる。今日は東経、明日は西経といった具合である。93年夏、装置を取り付けた大型イカ釣漁船が青森県の八戸港を出港した。

ところが1週間ほどして、操業を開始した漁船から送られてきたFAXには、「使いものにならないので機能をOFFにしている」と記されていた。その理由は、センサの反応が過剰で、さらに漁船の揺れと動きがズレている、ということであった。数十秒の待ち時間が生じるとも記されていた。この待ち時間というのは、イカ釣では最も嫌われるものであり、許容される待ち時間は数秒である。

もう少し詳しく説明すると、イカ釣ではエンドレスに針の上げ下げを繰り返す。函館近海では、水深60mから120m程度まで針を下げるが、左右のイカ釣機のテグスが絡まないように、階段状に等間隔の時間差を設けて順番にイカ釣機が針を下げはじめる。一度針を下げてから上げるまでに要する時間は、釣れたイカの数などに影響され、イカ釣機ごとに微妙な差が生じる。ひとつ前のイカ釣機が遅れた場合には、その差が修正されるように下げ始めるタイミングを遅らせる。これが待ち時間である。

イカ釣の効率は1時間あたり何回針を上げ下げしたかで評価されるため、効率を下げることになる待ち時間は嫌われるのである。さらに、試験操業は水深200mから300m程度まで針を下げることから、待ち時間は顕著に表れる。開発した装置はモーターの回転速度を上げたり下げたりすることで、テグスの弛みを防ぐものであるから、モーターの平均回転数が変わってしまうと同期がズレ、待ち時間が生じてしまう。スケトウダラの揚縄機の場合には漁船に1台しか設置されていないため、同期という概念がなくモーターの平均回転数を気にする必要はなかった。また、小型漁船のため、加速度から変換した変位は小さな値であり過剰に反応することもなかった。つまり、大型イカ釣漁船はまったく違う条件だったのである。

太平洋の上でのプログラミング

翌年も試験操業は行われ、対策をしたつもりではあったが、同じような結果となってしまった。1年経っても進歩がなかったのである。試験操業の3年目となる95年、「和田くん、試験操業に行ってきなさい」と突然社長に言われた。

一瞬耳を疑ったが、その夏、僕が乗った大型イカ釣漁船は、課長に見送られ八戸港を出港した。

過去2年間の失敗を踏まえ、プログラムに改良を施し万全を期して乗船したつもりであった。7月25日に出港し8月22日に帰港する約1ヵ月間の航海であったが、学生時代に2週間の実習航海を2度経験しているため、長期の乗船にそれほど抵抗はなかった。八戸からほぼ真東の進路で5昼夜ほど走り続け日付変更線付近の漁場を目指す。

操業が始まれば、待ち時間の計測などで慌ただしくなることから、移動中にできる範囲で準備を始めた。まずは漁船の揺れを確認しようとテーブルの上で加速度を計測した。「マズイ…」。体感的に漁船の揺れは知っていたが、数値にするとこんなに微細なものなのかと思った。これが本当なら、改良したプログラムはまったく働かない。つまり、まだ出港したばかりで操業も始まっていないのに、これから1ヵ月間やることがなくなってしまった。「おいおい冗談じゃないぞ…」と思っても、目の前の現実がウソであることを願う以外、僕に

第三十一寶來丸

水産庁の試験操業で乗った大型イカ釣漁船（276 トン）。全員が 3 交代でワッチと呼ばれる当直にあたる。日付変更線付近の漁場は毎日が霧で、夏でも肌寒かった。海の色はとてもキレイだった。風呂は海水を使うが、まるで温泉のようで身体が温まった。時折見ることのできる海獣類が心を和ませてくれた。

できることはなかった。当時のマイコンはフラッシュメモリ＊を搭載しておらず、船上でプログラムを書き換えることはできなかったのである。

2、3日の間かなり気落ちしていた。それでも、このまま気落ちしたまま1カ月を過ごすのはイヤだった。何かできることがないかと考えはじめた。漁船に設置されている42台のイカ釣機には、働かないプログラムが書き込まれた装置が取り付けてある。このプログラムは、①加速度を検出し、②加速度を速度に変換、さらに、③速度を変位に変換したあと、④イカ釣機のモーターの回転速度に変換し、⑤補正すべき回転速度をイカ釣機に出力する、という処理を行う。このうち、②加速度を速度に変換する部分に、致命的な問題があった。

予備として持ち込んだ装置のうち、検出した加速度を単純に出力するテスト用プログラムを書き込んだ装置を1台だけ用意していた。42台全てはとうていどうにもならないが、1台だけでも何とかしたいと考えた。とは言っても、船上に都合の良い道具があるわけではない。機関長にお願いをして使い古した通信ケーブルを分けてもらい、試行錯誤の末、2日間を要して寄せ集めの道具

＊ 装置に実装した状態で書き換えが可能な不揮発性メモリ

で、応急の開発環境を整えた。ただ1台、テスト用プログラムを書き込んだ装置を用意していたことに加えて、たまたま乗船の数日前にノートパソコンにC言語のコンパイラをインストールしていた。通信ケーブルを使ってイカ釣機から信号線を引き出し、装置とイカ釣機の間にパソコンを割り込ませ、問題となっている②以降の処理をパソコンに代行させた。こうすることで、動作を確認しながら何度でもプログラムを修正することができる。

ビニール袋でパソコンを守りながらの、なんちゃって開発環境ではあったが、決して会社には構築できない強力な開発環境であった。おかげで、最初のFAXで報告された、反応が過剰なこと、漁船の揺れと動きがズレることの理由も把握することができた。理由がわかれば対応は可能である。そして、船上での十分な開発期間が残されていた。

かくして2年間失敗し続けた開発は、3年目に試験操業の船上で失敗を成功に変え、完了した。のちに、この装置は新型イカ釣機に「揺動補正」という機能で標準装備され、大反響を呼ぶことになる。1カ月間の乗船で学んだことは、机上で行える開発は90％が限界であり、最後の10％はフィールドでなければ行うことができない、ということであった。これは今でも僕の信念である。24歳の夏、日差しを浴びることなく日付変更線付近で過ごした夏の1ヵ月は、僕に成長というご褒美をくれた。そして、仕事を今までとは別の次元で楽しいと思うようになった。また、自信もついた。

入社3年目、新型イカ釣機を開発

そして、いよいよ新型イカ釣機の開発を担当することになった。新型イカ釣機には、船上で苦労して開発した揺動補正が標準装備されただけではなく、最初に手掛けた魚探連動ユニットの機能も標準装備された。また、イカ釣機の集中制御盤にはカラー液晶ディスプレイとタッチパネルを採用したほか、モーター制御にはフィードバック制御*を用いるなど、目に見える部分から見えない部分まで、大掛かりな変更が加えられた。僕は集中制御盤の画面デザインを含むユーザインタフェースと、イカ釣機の開発を担当した。

＊　出力をセンサで観測して目標値との差がゼロになるように入力を調整する制御方式

小型イカ釣漁船の操舵室
GPS プロッタやレーダーなどの航海計器、魚群探知機や潮流計などの操業計器がビッチリと並ぶ小型イカ釣漁船の操舵室。緑色のフレームの機器が自動イカ釣機の集中制御盤と遠隔操作ユニット。操舵室ですべてのイカ釣機の状態を把握し、制御することができる。

会社は試験操業のための小型イカ釣漁船を有しており、新型のイカ釣機は発売前に1年間試験操業船で運用し、評価、改良を加え製品として完成させるのが慣例となっていた。つまり、前述したように最後の10％をフィールドで仕上げるのである。小型イカ釣漁船には2種類あり、1種類は地元でイカの釣れる時期に操業を行うものであり、もう1種類は日本中を移動しながら1年中操業を行うものである。後者は旅船と呼ばれている。会社の小型イカ釣漁船は旅船であり、例年春の九州から操業を始め、桜前線よりも1ヵ月から2ヵ月程度遅れて日本海を北上し、夏から冬は北海道で操業を行う。1年間の試験操業を経て、開発は無事終了、いよいよ販売に漕ぎ着けた。97年のことである。

当時は年間の水揚げが1億円を超える旅船が全国に十数隻おり、競って新型イカ釣機を導入してくれた。しかしながら、漁業者のイカ釣機の使い方は十人十色である。すぐに全国からクレームが集まり、全国クレーム処理ツアーがスタートした。幸い、メンテナンス面にも、新型イカ釣機は改善を加えていた。従来のイカ釣機は、プログラムを変更するためには、物理的にメモリ（ＲＯ

M）を取り外して交換しなければならなかった。小型イカ釣漁船とは言え、十数台のイカ釣機が設置されている。晴天であっても大変な作業であるのに、雨や雪が降ったり、風が吹いたりしている環境下では、本当に大変な作業となる。冬はかじかんだ手でようやく回したドライバーで緩めたネジを海に落とすことも珍しくなかった。そこで、新型イカ釣機には、集中制御盤から一括してイカ釣機のプログラムを書き換える機能を追加しておいたのである。この改善が功を奏し、ひとりでも短時間でイカ釣機のバージョンアップを行うことができるようになった。

クレーム対応へ全国を駆け回る

この新型イカ釣機は今でも最高のイカ釣機と評され、現役でバリバリにイカを釣っている。しかしながら、その評価を得るまでには、発売から2年ほどの時間を要した。従来のイカ釣機に比べ、明らかに画期的なイカ釣機であることは間違いなかった。しかしながら、多くの漁業者が「モーターの力が強過ぎるためテグスが切れる」という不満を抱えていた。フィードバック制御を採用したことにより、モーターの能力を十分に引き出すことができたが、これが裏目に出たのである。モーターの力を加減する機能を追加することとなった。試行錯誤に時間を要したが、これでようやく漁業者に納得していただけるイカ釣機が完成した。

「明日の朝までに○○に来い！」といった電話を受け、急いで遠距離を訪ねることも何度かあった。そのひとつが石川県珠洲市の狼煙（のろし）漁港である。函館から飛行機で小松空港に入り、そこからレンタカーを走らせて狼煙に向かった。翌朝、船頭と話をしてみると、イカ釣機の設定値に問題があった。従来のイカ釣機に比べ多機能化され過ぎたため、使い方がわからないことに起因するクレームも少なくなかったのである。このとき、「遠隔でイカ釣機にログインできたら、漁業者にも会社にもメリットが大きいのになぁ」と思った。

一番印象深い思い出は、「明日の朝までに稚内に来い！」である。当時は高速道路が今ほど発達しておらず、クルマでノンストップで走っても12時間は掛かる。2人で運転を交代しながら、函館から稚内に向かった。電話で聞いた限りでは、イカ釣機が誤動作するとのことであり、対策を施した十数台分の交換部品を持っていくためにはクルマで運ぶ以外の方法がなかったのである。

翌朝、稚内港で漁船の入港を待ち、部品の交換作業を行った。作業が終わると、「昼飯でも食ってけ」と船頭が海鮮丼を御馳走してくれた。「函館からよく来てくれたなぁ」とも言ってくれた。そしてまた、12時間かけて函館に戻った。ところが翌日また、「まだ直り切っていない」と船頭から電話があった。まさかまさかのリピートである…。もう一度行ってみると、原因は他にあることがわかった。集魚灯から漏電しており、イカ釣機に悪さをしていたのである。集魚灯を点（とも）さずに作業後の動作確認をしたため、見抜くことができなかったのだ。ちなみに、集魚灯は他社製で設置作業はまた別の業者が行っていた。漏電の対策を終えると、集魚灯を点しても誤動作しなくなった。イカ釣漁船にはイカ釣機のほか、集魚灯や無線機、ＧＰＳ、魚群探知機などが設置されており、このように、機器相互の干渉にも気を配る必要があることを学んだ。

携帯電話を握りしめて就寝

クレーム対策で全国を飛び回ったおかげで、多くの船頭と仲良くなることができた。また、面白い傾向があった。一方的に怒鳴りつけ、話を聞かない船頭の場合には、たいていブリッジ内が荒れ放題で、イカ釣機も漁船も汚れていた。反対に、クレームなので怒るのは当然としても、話を聞いてくれる船頭の場合には、ブリッジ内はキレイで、イカ釣機も漁船も大切に扱われていた。

当時、僕もプライベートで携帯電話を持つようになっていた。イカ釣は夜に行われることから、会社に電話しても通じないので、船頭に携帯電話の番号を聞かれることが多かった。のちには、自分から伝えるようになった。そして毎日、携帯電話を左手に持って寝ていた。船頭も夜中の2時や3時に僕が寝ていることは知っている。それでも困っているから電話を掛けてくるのである。電話だけで100%問題が解決することはほとんどなかった。

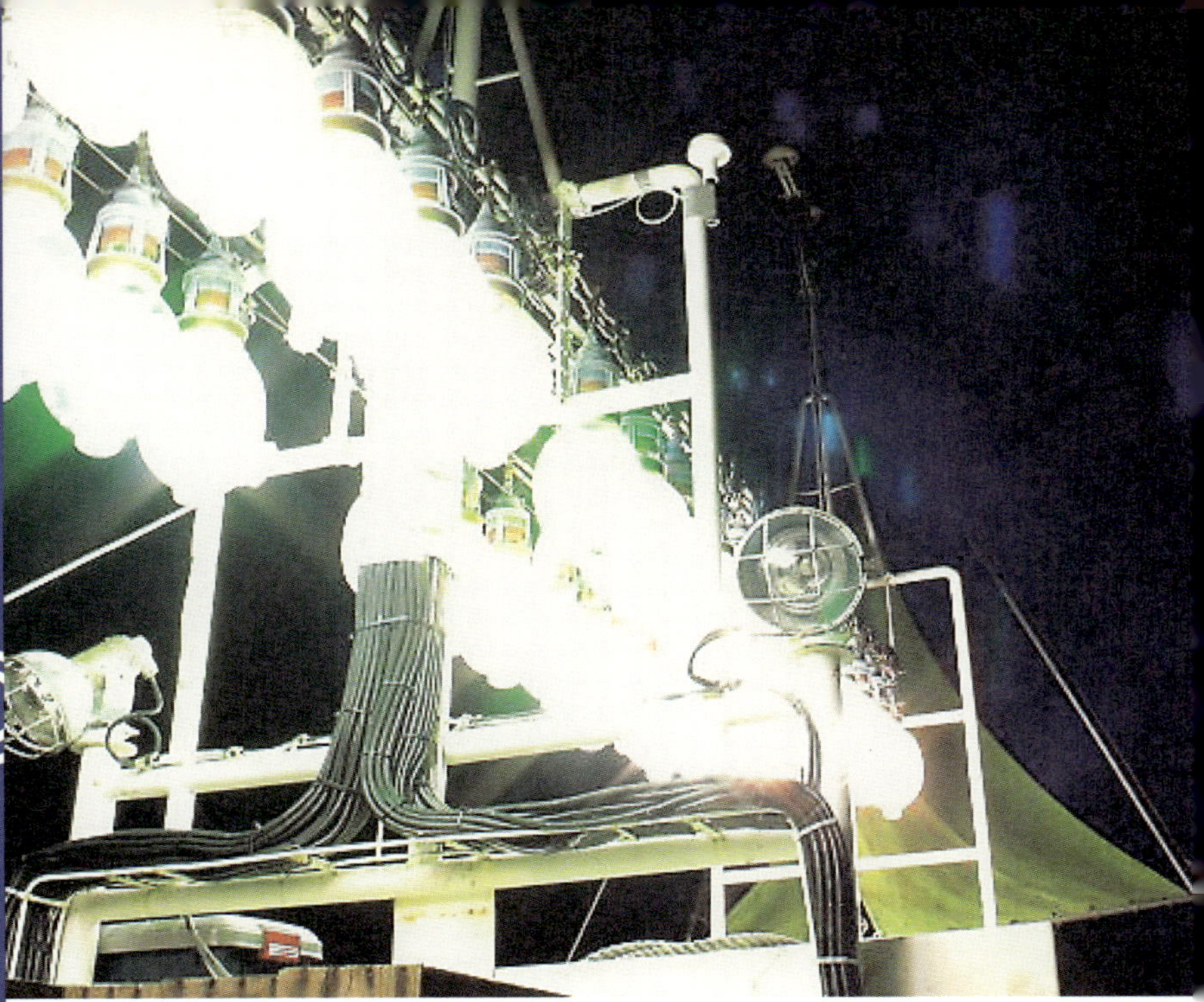

漁火（いさりび）

陸から見る漁火はひとつの明かりに見えるが、小型イカ釣漁船には 3 kW の集魚灯が 60 個並んでいる。現在の主流はメタルハライド集魚灯だが、LED 集魚灯の開発も進んでいる。実はイカは強い光が苦手である。集魚灯をともすことで船の周囲が明るくなり、船の下だけが暗くなる。結果的に船の下にイカが集まり、集まったイカを釣り上げているのだ。

「いまの状況だと50％くらいでしか動いていないと思います。大変申し訳ありませんが、１００％で動かすことはできそうにありません。でも、このように使ってみてもらえないでしょうか？ ごまかしながらになりますが、90％くらいでは動作するハズです。今晩だけ我慢して90％で使ってください。僕は明朝港で交換部品を持って待っています。明日からは１００％に戻ります」

このような対応をすることは少なくなかった。仮に、夜中の電話を受けずに、朝出勤してから電話を受けたとすると、一晩中50％でしか動かなかったことに対して、船頭はカンカンに怒っているであろう。そして、交換部品を持って行ったとしても、大いに怒鳴られることは火を見るより明らかである。それであれば、夜中に起こされても困っているときに対応できた方がいい、そう思っていた。夜中の電話を受け、翌朝港で交換部品を持って待っている人に文句を言う船頭など居ないのである。「すみませんでした」と言うと、必ず「ありがとう」と返ってきた。

こうして、多くの船頭と仲良くなった。僕の携帯電話には今でも１００隻を超えるイカ釣漁船や船頭の電話番号が登録されている。

うれしかったウソの呼び出し

稚内の話に戻る。ある日、出勤すると課長が怒っていた。「和田、稚内でちゃんと対応してきたのか？ 函館港に入港しているそうだから、いますぐ行って対応して来い！」。「？？？」なんのこっちゃと思ったが、すぐに港に行った。「船頭すみません、どんなご迷惑をお掛けしてしまったんでしょうか？」と頭を下げた。顔を上げると、船頭はニコニコ笑っていた。「ひさしぶりだな」と言われた。「？？？」という表情の僕に船頭は続けた。

「いや、せっかく函館に寄ったんでな、お前にこれやろうと思って」と言って、ヤリイカがいっぱいに詰まった発泡スチロールの箱を差し出してくれた。「イカ釣機の調子が悪いとだけ言うと、誰が来るかわからんやろ。だからお前を呼び出すために稚内に来たヤツを寄こせと言ったんだ。下手なやり方でごめんな」

ようやくひと通りを理解した。とてもうれしかった。お礼を言ってヤリイカを受け取り、少し船頭と話をした。最後に船頭が言った。「せっかく来てくれたんだから、ひと通り点検して行ってくれ。お前が見てくれたら俺は安心だ」と。すべてのイカ釣機と集中制御盤をチェックし終えると、船頭はすぐに出港すると言い、僕は岸壁で漁船が見えなくなるまで手を振って見送った。ここまでは感動のストーリーであるが、会社に戻ってからが大変だった。課長は機嫌が収まっておらず、「和田、何が悪かったんだ！」と怒っている。まさか、「ヤリイカもらいに行ってきました」とも言えず、稚内で見落としがあったとウソの説明をして、再び怒られるしかなかった…。

ホタテの大量死

イカ釣機の開発を主に担当していたが、一度だけホタテ耳吊機の開発に携わったことがある。１９９０年代半ばのことである。北海道の内浦湾（噴火湾）や青森県の陸奥湾などでは耳吊りという方法でホタテを養殖している。干

スルメイカ

日本一美味しい函館のスルメイカ。北海道は６月１日にイカ釣が解禁となる。函館市漁業協同組合には生簀（いけす）イカ（活きているイカ）も水揚げされる。近年は海水温の上昇により船内水槽のイカが水揚げ前に暑さで力尽きてしまうことがあり、生簀イカの水揚げが減少している。そのため、船内水槽の海水を冷却する装置の開発が進められている。

し柿のようなイメージで、ホタテを結束したロープを簾状に吊るし養殖する方法である。従来は、ホタテにドリルで小さな穴をあけ、そのあと、ホタテを2枚1組としてテグスでロープに結束する作業を行っていた。開発に携わったホタテ耳吊機は、穴あけから結束までの作業をすべて自動で行うものであり、会社としても初めての試みであった。売れ行きは悪くなかった。

ところがである。出荷した全台が返品された。このホタテ耳吊機を使ったところ、大量にホタテが死んだというのである。確かに、穴あけの方法に問題があったのかもしれない。しかし、漁業者はホタテ耳吊機だけのせいにしてしまっていいのだろうか？　海の状態には問題がなかったのだろうか？　と思った。同時に、将来の水産業に不安を感じた。恐らく、この年のホタテの大量死の原因は、穴あけの方法にも海の状態にもあったと思われる。

当時、地球温暖化という言葉は、まだ一般的ではなかった。それでも、テレビや新聞では、海水温が異常であると報じられていた。本当にホタテ耳吊機にだけ問題があるのであれば、対策は可能である。それだけでないとすれば、つまり、海の状態にも問題があるのだとすれば、同じことを繰り返してしまう。漁業者が海の状態を知らずに操業をしていていいのだろうか？ 会社は機械を売るだけでいいのだろうか？ 海の状態を把握し、機械の適切な使い方を漁業者と一緒に考える必要があるんじゃないか？ そのためには、海水温の情報を取得し、提供する必要がある、そう思った。そして、社長に直訴した。言っていることは十分に理解してもらえた。しかし、「海水温の情報を取得、提供するのは民間企業の役割ではないと思う。我々の役割は、機械化で水産業に貢献することだ」というのが社長の答えであった。

２００２年４月、母校の研究室の技官からの勧めで、社会人特別選抜という制度を利用して、僕は会社で働きながら北海道大学大学院水産科学研究科の博士後期課程に入学した。この頃から、情報化で水産業に貢献したいと強く思うようになった。

デジタル操業日誌のアイコン

第2章

マリンＩＴ始動！

モバイルＩＴを海へ出す

２００２年から、僕が勤める株式会社東和電機製作所は、北海道東海大学（現・東海大学札幌校）の研究グループの一員として、札幌ＩＴカロッツェリア構想という、札幌市にＩＴ産業の一大集積地を作ろうという産学官連携プロジェクト*にかかわっていた。このグループでは、小型省電力のモバイル型コン

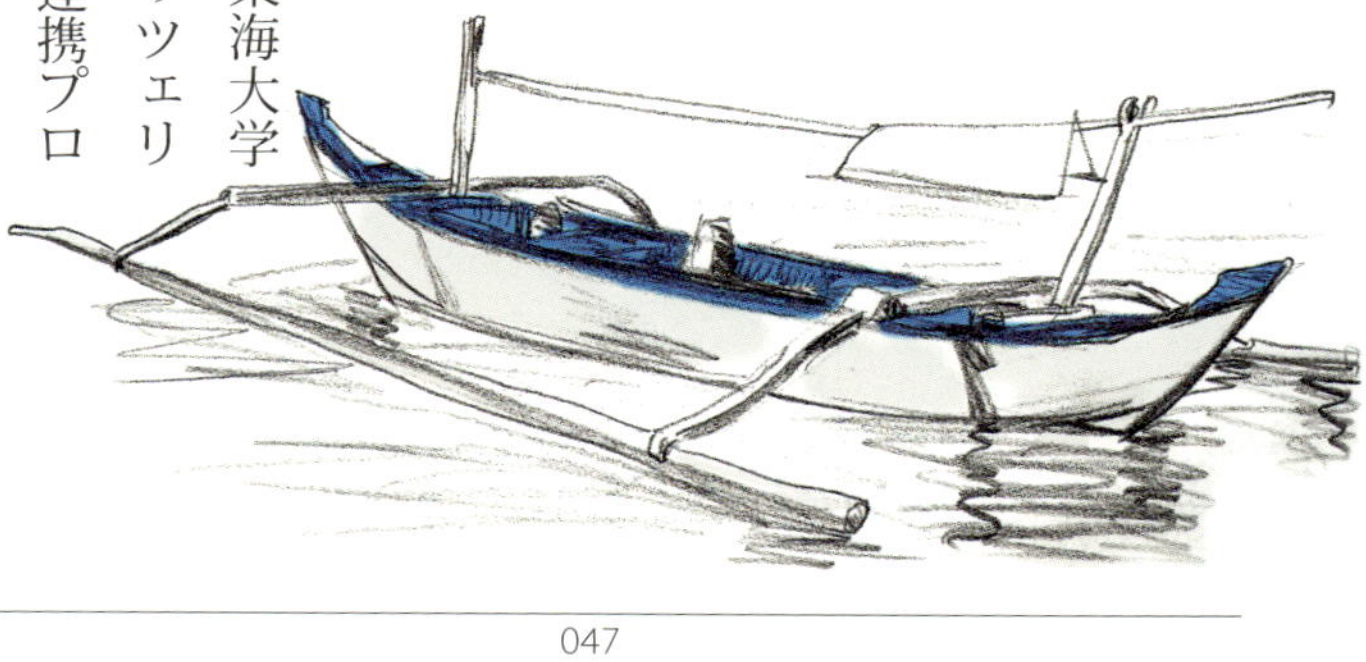

ピュータを作ったものの、キラーアプリケーション†を見つけることができないまま3年目を迎えた。心の中では、これは水産業に活用できると思っていたが、他のメンバーを自分の専門分野に巻き込んでしまうことに気が引けて、自分から言い出すことはなかった。そんなある日の会議で、「和田さん、これは漁業で使えないの？」と聞かれた。「もちろん、使えますよ」と答えた。いま振り返ると、これが「マリンＩＴ」という新しい研究領域の誕生への契機だったように思う。

このときの研究グループの一員であり、マリンＩＴの創成期を共に牽引し、現在も研究パートナーとして欠かせない存在が、畑中勝守先生（当時・東海大学助教授、現・東京農業大学教授）である。もともと土木が専門の畑中さんにとって、水産は研究対象ではなかったので、この時からすっかり巻き込んでしまった感があるが、いいコンビ、もとい、いい研究パートナーとなった。

マリンＩＴの最大の特長はモノづくり、システムづくりの技術である。水産業の問題解決や可能性の開拓につながる、実用性の高いモノやシステムを形に

＊　文部科学省知的クラスター創成事業の採択課題
http://www.it-cluster.jp/

†　システムを普及させるための魅力あるアプリケーションのこと

し、現場に導入することができる点にある。僕はモノづくりが得意であり、畑中さんはシステムづくりが得意である。得意とする分野が違いお互いを補完できること、または、短気な僕と穏やかな畑中さんという正反対の性格も馬が合う要素なのかも知れない。いずれにしても僕ひとりの力では、マリンITを今日のようにかたちづくるのは難しかったことは確かである。

はこだて未来大学との出会い

この頃、モバイル型コンピュータの開発にあたり、どうしてもわからないことがあってインターネットで調べていた。中途半端な情報ばかりでなかなか十分な情報を得ることができないなか、ようやく、これは、と思えるホームページを見つけた。とても専門性の高い内容で、インターネットで見ていたことから、勝手に東京在住の方のホームページだと思い込んでいた。よくよく見てみると、同じ函館市にある、公立はこだて未来大学（以下、はこだて未来大学）の先生であった。早速、メールを送ってみた。厚かましくも、できればお伺いしてお話を聞きたいとお願いした。快い返信をいただき、お会いすることができた。話をしてみると僕と同じ学年であることがわかり、すぐに親しくなった。調べていたことについても丁寧に教えていただき、頑張ってプログラムを書き進めることで、モバイル型コンピュータを無事完成させることができた。

このとき開発したモバイル型コンピュータが、マリンＩＴを支える基幹技術となっている。これを機に、はこだて未来大学の複数の先生と知り合いになり、大学を訪問する機会が増えた。そして、この大学でなら、水産業の情報化に本格的に取り組めると確信した。２００４年3月、大学院を修了し、博士（水産科学）の学位を取得すると、はこだて未来大学の教員公募に応募した。3度ほど選考に漏れたが、２００５年1月1日付けで、はこだて未来大学に着任することが決まった。会社を辞めなくてはならなかったが、ありがたいことに会社は僕の挑戦を応援してくれ、温かく送り出してくれた。

公立はこだて未来大学
公立はこだて未来大学は函館圏の 5 つの自治体（合併により現在は函館市、北斗市、七飯町の 3 市町）からなる函館圏公立大学広域連合を設立母体として 2000 年に開学した情報系単科大学である。本部棟は 5 階建、研究棟は 2 階建。緑に囲まれた落ち着いた環境に立地している。

留萌のナマコ桁網漁を研究対象に

北海道東海大学は、2003年に留萌市ならびに新星マリン漁業協同組合と水産業の振興にかかわる三者連携協定を締結しており、僕らの最初の取り組みとして、前述したモバイル型コンピュータを用いて、留萌のナマコ桁網漁を支援することとなった（はこだて未来大学も2010年に同様の三者連携協定を締結している）。

このときの解決すべき課題は、正確な海底地形の把握であった。ナマコ桁網漁は底曳きという漁法であり、海底の根に漁具を引っ掛けてしまうことがあるという。そうすると漁獲効率が低下する。漁業者は海上保安庁が刊行した海底地形図を所有しているが、この海底地形図は航海の安全を目的として作成されているものであり、ナマコ桁網漁という操業の目的には精度や分解能が不十分である。そこで、小型漁船に設置されているGPSプロッタ*と魚群探知機を用いて、深浅測量†を行い、留萌のナマコ桁網漁のための海底地形図を作成するこ

† 船舶の位置とその位置における水深を同時に計測する作業

＊ 船舶用のナビゲーションシステム

桁網

ナマコ桁網漁は桁網と呼ばれる漁具を投網し、歩く程度の速度で 1 時間程度曳航（えいこう）したのち、引き揚げる漁法である。桁幅は 3.2m で桁網にはマナマコを海底から剥がすためのチェーンと、剥がしたマナマコを捕獲するための網、網のスレを防止するための黄色いロープがつけられている。各漁業者が独自の工夫をしている。

とにした。

最初に、新星マリン漁業協同組合所属の第二十七徳漁丸にモバイル型コンピュータを設置することになった。このモバイル型コンピュータは心臓部であるＣＰＵ＊ボードに、10種類を超える拡張ボードの中から必要な機能を有する拡張ボードを積み重ねて利用するものであり、複数の拡張ボードを積み重ねると立方体のように見えることから、マイクロコンピュータとキューブを組み合わせて「マイクロキューブ」と呼ぶようになった。海底地形図を作成するため、ＧＰＳプロッタから出力される信号と、魚群探知機から出力される信号を受信して、コンパクトフラッシュメモリに記録するマイクロキューブを準備した。

フィールドリサーチは「営業」が命

マイクロキューブを第二十七徳漁丸に設置する作業を行ったときのことである。魚群探知機は入社1年目から触っているもので、僕にとっては手慣れたものである。ところが、第二十七徳漁丸に設置されていた魚群探知機からは信号

＊　中央処理装置（Central Processing Unit）

が出力されていなかった。メーカーに電話で問い合わせてみると、出荷時には出力しないよう設定しているが、内部の配線を組み替えれば出力するようになるとのことであった。第二十七徳漁丸から魚群探知機を取り外し、岸壁に移してバラし始めたところで、声を掛けられた。「おぃ！　壊すなよ」。

顔を上げると強面の漁業者が険しい目つきで僕を見ていた。というより僕を睨んでいた。第二十七徳漁丸の米倉宏船頭である。心の中では「僕が壊すわけないでしょ」と思いながら、「大丈夫ですよ」と笑って答えた。米倉さんとはこの後、長い付き合いになるのだが、お互いになんとも印象深い出会いであった。このときのやり取りは今でも笑い話として年に数回話題となる。そりゃあ無理もない。初めて見た奴が自分の漁船から魚群探知機を持ち出して、挙げ句の果てにバラしている。文句のひとつも言いたくなるだろう。

ところがである、この作業を僕がちゃちゃっと終わらせて、魚群探知機から信号が出力されるようになると、今度は「こいつ、何者だ？」という目で見られ、評価が一転した。それ以来、魚群探知機に限らず、僕が何をイジっても何をバラしても、意に介する様子もない。この米倉さんが、留萌ではボス的存在の漁業者であり、マリンITをユーザの立場で育てた漁業者である。

1年も経つと、第二十七徳漁丸に設置したマイクロキューブには約100万件のデータが蓄積された。僕らは海底地形図を作成して米倉さんに届けた。こうして、2004年以降、足繁く留萌に通うようになった。平均すると年に6回程度にはなるだろう。ナマコ桁網漁の漁期である夏期に集中しているので、夏期は毎月、多いと月に2回、留萌に出向いてきた。

少々話が脱線するが、僕はこの手の研究は「営業」が大切だと思っている。「えっ、研究に営業?」と思われるかもしれないが、とにかく現場に顔を出すことが大事である。用事があるときはもちろん、特段の用事がなくても顔を出して漁業者と話をする。そして、顔を出すときには、どんなに小さくても構わないので成果というお土産を持って行く。そうすることで信頼関係が築かれるし、会話の中から漁業者のニーズを引き出すこともできる。つまり、御用聞きになれるか否かがフィールドワークを伴う研究の成否を左右すると思ってい

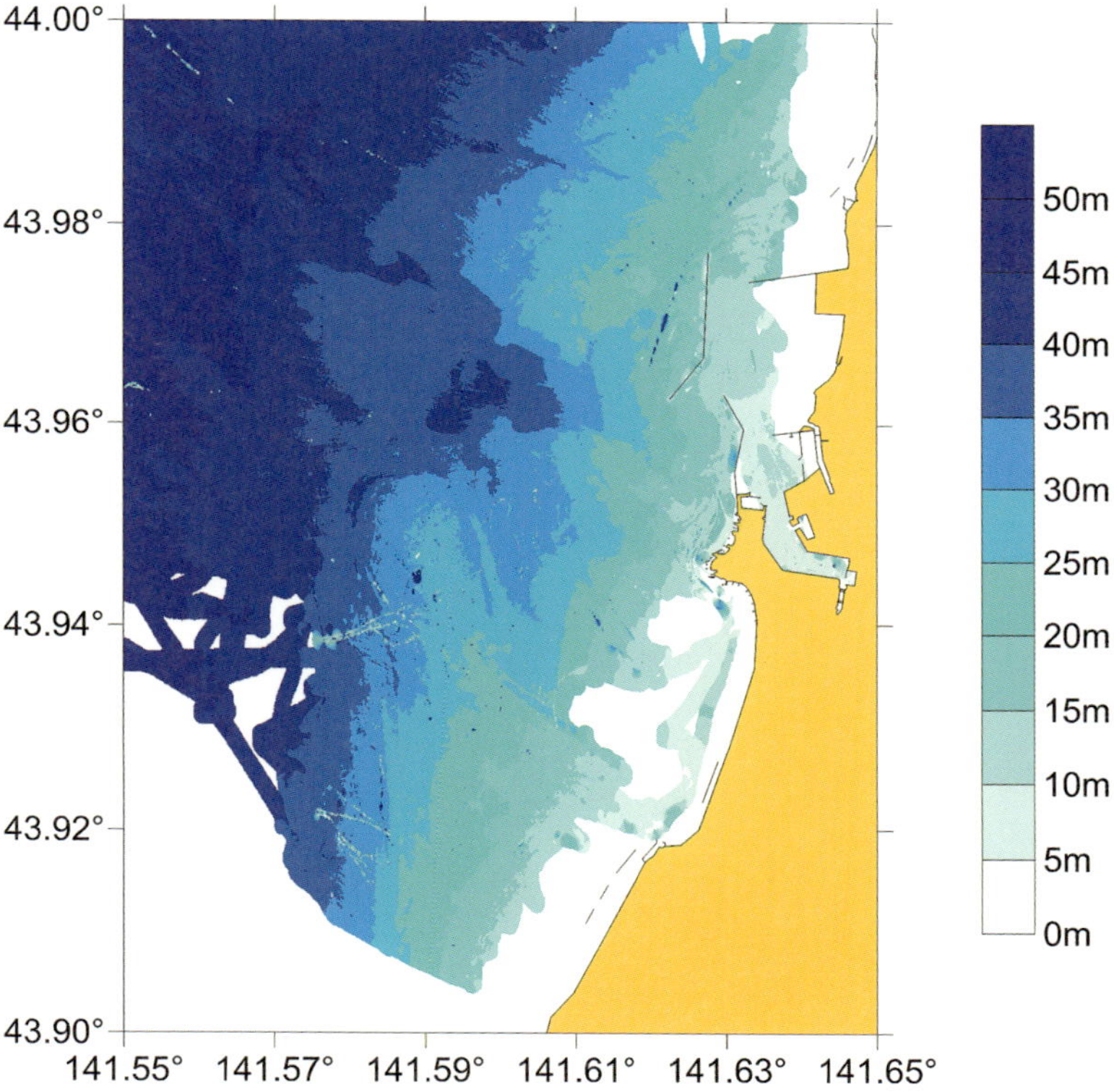

海底地形図

GPS プロッタで計測した緯度経度（XY 座標）と魚群探知機で計測した深度（Z 座標）を組み合わせた三次元座標の点群（約 770 万点）を解析して作成した留萌沿岸の海底地形図。航海用の海底地形図には表現されていないが、漁業者が経験的に知っている海底の起伏も表現することができている。

る。もちろん、これは私見であり、異論も多いことと思うが、少なくとも僕にはこのやり方があっている。

10万円のブイ開発という無茶ぶり

何度目かの留萌訪問の際、留萌市が大懇親会を企画してくれた。初めて顔を合わせる青年部のメンバーも参加していた。この席で、無茶な相談を受けることになる。「ホタテ養殖のために、10万円の海水温観測ブイを作って欲しい」というのだ。

環境省が導入する海洋観測ブイは数千万円が相場である。漁業用で安価と言われる海洋観測ブイの相場は数百万円である。１００万円で作ってくれというのであれば可能性はあるが、10万円では部品代にもならない。できるできないはともかく、彼らが何を困っていたかというと、夏期に流入する冷水塊が、ときにホタテの大量斃死（へいし）を引き起こすのだと言う。海水温をリアルタイムで知ることができれば、斃死の被害を縮小することができる。10万円なら漁業者個人で購入することができるし、万が一、時化で流出しても諦めがつくのだそうだ。しかし、無茶である。

そのあとも、青年部のメンバーと顔を合わせるたびに、10万円の海水温観測ブイを作ってくれと言われた。なかなかしつこいのである。しかたなく、実際にやってみることで、10万円では作れないことを知ってもらおうと思った。市販の海洋観測用の水温計を購入するだけで10万円を超えてしまうので、水温計は独自に新規開発した。そして、携帯電話のデータ通信カードと水温計が接続できる拡張ボードを積み重ねたマイクロキューブを防水ケースに入れて、海水温観測ブイを試作した。

青年部のメンバーは1ヵ月に1度の電池交換は苦にならないと言う。研究室での実験で1ヵ月間動作することが確認できたことから、実際にブイを海に浮かべて実験することになった。２００５年12月のことである。ところがだ、動かない…。計測した海水温を電子メールで送信するようにしているのだが、携帯電話がつながらない。正確には、マイクロキューブに搭載したデータ通信カードが、途中までしか動作しないのである。原因は寒さであった。ずっと研究室で評価をしていたため気づかなかったのである。冬の日本海の寒さはハンパではない。氷点下の気温で、電子部品の特性が変わってしまったのである。百万分の一秒の単位で信号が遅れている。それだけと言えばそれだけのことではあるが、とにかく動かないのである。出直しとなった。対策を考え、新たな電子部品を取り寄せ、マイクロキューブを改良して、数日後、リベンジを果たしたつもりだった。

いよいよ試作した海水温観測ブイは漁港に浮かび、1時間ごとに計測した海水温を電子メールで送ってきた。喜びは1週間と続かなかった。数日で電子メールが届かなくなった。計測した海水温以外に、電池の電圧も一緒に送るようにしていた。最後に受信した電子メールを確認してみると、電池の電圧が急激に下がっている。電池が不良だったのだろうか？　青年部の部長に電話して電池交換をお願いしたが、同じようにまた、数日で電子メールが届かなくなった。室温であれば1カ月動作するのに、氷点下の気温ではここまで電池の性能

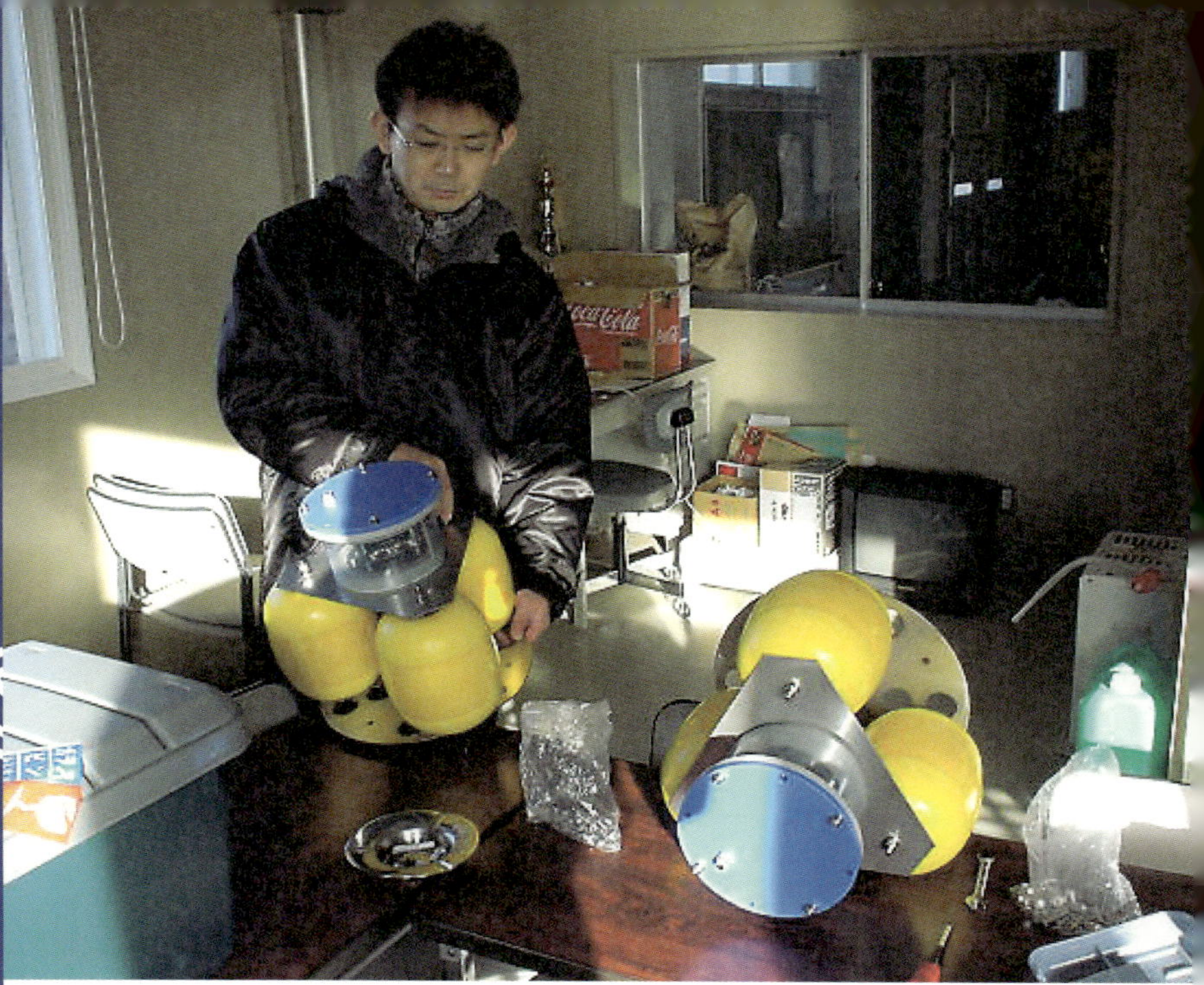

試作した海水温観測ブイ

新星マリン漁業協同組合臼谷支所で、試作した海水温観測ブイ２セットを用意している戸田さん。実験にはトラブルがつきものである。100%の準備をしたつもりでも失敗することはある。トラブルが生じた場合、１セットだけでは実験にかかわったみんなの努力が無駄になる。そのため、必ず２セット用意して実験に臨んでいる。

が低下するのか…。簡単に解決できる問題ではなかった。

ノーマリーオフで究極の省電力化

春になるまで、青年部のメンバーは数日ごとに電池交換を欠かさずに続けた。また、着氷して試作した海水温観測ブイがバランスを崩して転覆しないよう、氷割りも行った。漁港内とは言え、吹雪の中での彼らの作業は想像に余りある。十分過ぎるほど青年部の熱意は伝わった。と同時に、できないことを示そうとした自分がとても恥ずかしく、申し訳ないと思った。こうなるとやるべきことはひとつである。青年部に謝ることではない。10万円で海水温観測ブイを作ればいい。

青年部が試作した海水温観測ブイをひと冬動かし続けてくれたことで、データが蓄積され、実用化のための課題は整理できていた。中途半端な省電力化では北海道の冬を越えることはできない。究極の省電力化を実現する方法を考える必要があった。答えは案外簡単で、電源供給をコントロールしてしまえばい

越冬実験

青年部のメンバーは僕らの作った海水温観測ブイの越冬実験を遂行した。後日、何度も電池交換を行ったと聞いて驚いた。また、着氷したのでハンマーでガンガン叩いて氷割を行ったと聞いて、別の意味で驚いた。青年部のメンバーに「取扱注意」は通用しなかった…。

いのである。

1時間に一度、海水温を計測して電子メールで送信するのに要する時間（＝動作時間）は30秒程度で、それ以外の時間、つまり３６００秒のうち３５７０秒は待機時間である。待機時間に中途半端にＣＰＵが動いているから電池を消耗してしまう。待機時間は電源供給をカットしてしまえば、電池の消耗はゼロになり、大幅な省電力化になる。「ノーマリーオフ」と言われる技術である。

この設計には副次的な効果もあった。何かしらの理由でソフトウェアがハングアップしたとしても30秒後には電源供給がカットされるので、動作し続けて電池を消耗してしまうことはない。さらに、1時間後には電源が入り、ソフトウェアはフレッシュな状態（初期化された状態）で再起動する。イメージが出来上がると、一気に回路図を描き上げた。プリント基板の完成を待つ数週間のあいだに、ソフトウェアも一気に書き上げた。

こうして、海水温観測ブイが完成した。はこだて未来大学で最初の研究パートナーとなった同僚の戸田真志先生（当時・助教授、現・熊本大学教授）が、

ユビキタスブイの通信制御基板
第 2 世代のユビキタスブイのプリント基板。CF カードタイプの通信モジュールをソケットに挿入して利用する。突然、海に浮かべたユビキタスブイから電子メールが届かなくなったことがあった。何かの衝撃で、通信モジュールがソケットから抜けてしまったのである。ビニルテープの収縮性を利用して、通信モジュールをプリント基板に固定した。ときにはローテクも必要である。

「ユビキタスブイ」（92ページ参照）と名づけた。もちろん、戸田さんも何度も留萌に通っている。ユビキタスブイは省電力化と同時に、小型化、軽量化も実現しており、500㎖缶サイズの防水ケースに入れることができる。円柱形の500㎖缶サイズとしたのは、ボンデンと呼ばれる漁業用の標識竿に取り付けるためである。これとは別に、リレーのバトンに似た形状の電池ケースと、芋づる状に1本の通信ケーブルに複数連なった水温計がセットとなる。

そして、かかった費用の総額は10万円を切った！　もちろん部品代だけで、僕の作業費は含まれていない…。

多層観測が漁業者の常識をくつがえす

実は、顔を合わせるたびに無茶を言ったのは青年部だけではなかった。省電力化に目途がつくと、戸田さんに「早く多層観測にしようよ！」と何度も言われた。将来的には多層の海水温を観測する計画ではあったが、当初は単層（1層）の海水温しか観測できなかったのである。単層と多層では明らかに価値が異なる。それはわかっていたが、技術的な課題があった。単層であれば水温計はひとつしかないので、「海水温は何℃?」と聞けば、「20・1℃」のように答えはひとつしか戻ってこない。ところが多層になると、答えは水温計の数だけ戻ってくる。同時に答えられると聞き取れないので、水温計は順番に答える必要がある。簡単なようで案外難しい。

水温計はボタン電池を電源としていることから、やはり究極の省電力化が要求される。そのため、通常は待機状態にしている。「海水温は何℃?」と聞かれると動作状態となり、「20・1℃」のように答える。単層のときは答え終えるとすぐに待機状態にしていた。多層では同じプログラムは上手く動かなかった。しばらくの間、プログラムを書き直してはロジックアナライザ*とにらめっこする作業が続いた。最終的に、答え終えてすぐに待機状態とせず、すべての水温計が答え終えるのを待ってから待機状態にすることによって多層観測を実現できた。

2006年9月13日、畑中さん、戸田さん、そして、青年部のメンバーと一

* デジタル回路の信号波形を可視化する測定器

緒に、新星マリン漁業協同組合臼谷支所の駐車場でユビキタスブイを組み上げ、あらかじめ用意しておいてくれたコンクリートブロックとユビキタスブイを小型漁船に乗せ、設置海域となるホタテ養殖区画に向かった。ホタテ養殖漁船には大型のクレーンが付いており、ユビキタスブイの設置作業には都合が良かった。

6個の水温計で海表面を基準に水深1m、10m、20m、30m、40m、50mの6層の海水温を観測した。多くの小型漁船は船底に水温計がついており、青年部のメンバーも水深1mに相当する表層の海水温は経験的に知っていた。しかしながら、ホタテを養殖している10mから40mの海水温は想像でしか知らなかった。そして、「1時間で2℃や3℃も海水温が変化したらホタテは死んじゃうよ」と言っていた。

ところが、実際に海水温観測を始めると、1時間に2℃や3℃の海水温の変化は珍しいことではなかった。またそれでホタテが死ぬこともなかった。これには青年部のメンバーも驚いていた。漁業者が知らないこともあるんだなぁ、

ユビキタスブイの設置

幾度となく、青年部のメンバーと一緒に海に出た。失敗の繰り返しだったが、諦めることはなかった。失敗の原因と対策は青年部のメンバーと一緒に考えた。もちろん、考えてわからないこともたくさんあった。そんなときは「やってみよう」が合言葉だった。左から畑中さん、戸田さん。

と思った。

「ユビキタスブイ」の誕生秘話

簡単にユビキタスブイが設置できたように記してしまったが、実は何度も失敗を重ねた。

ユビキタスブイは20ｍｍ程度の太さのロープで300ｋｇから500ｋｇ程度のコンクリートブロックに係留し、芋づる状に水温計をぶら下げた通信ケーブルを、このロープに沿わせて水中に沈めている。初めて組み上げたときは、通信ケーブルをキレイに沿わせ過ぎてしまった。

設置後、期待を胸に最初に受信した電子メールを見ると、すべての水温計が計測エラーとなっていた。1時間後に受信した電子メールも、2時間後に受信した電子メールも残念ながら同様であった。翌日、引き揚げてみると、通信ケーブルが至る所で切断していた。

青年部のメンバーはなかなかやんちゃで、船の上から水深60ｍ近い海底に向けて、一気にコンクリートブロックを落とし込む。おそらくロープにはものすごいテンションが掛かるのだろう。コンクリートブロックを落とし込んだ際、ロープが伸びたのである。さらに新品のロープを使ったことが、裏目に出た。新品のロープは簡単に伸びるらしい。

これを教訓にその後、通信ケーブルは10％ほどゆとりを持たせるようにした。例えば、10mの水温計と20mの水温計の間の通信ケーブルは10mではなく11mで作るようにした。また、新品のロープではなく、わざと中古のロープを選んだりもした。

それでも失敗することがあった。水温計と通信ケーブルの接合部が最も強度的に弱く、その部分が壊れてしまうのである。接合部に無理な力が加わらないようにロープへの沿わせ方を工夫することで、ようやく安定して設置し、海水温観測ができるようになった。省電力化の効果は僕が思った以上で、試作と同じ単一形アルカリ乾電池4本で、15ヶ月間も動作した。北海道の海で、電池交換なしに越冬したのだ。

あらためて、この素晴らしい性能のユビキタスブイがなぜ10万円で作成できたのかに触れておきたい。間違いなく言えることは、無茶を言う青年部と、戸田さんがいたからである。これには素直に感謝しなければならない。

さて、環境省が導入するような海洋観測ブイは、毎正時*に欠損なく観測することが要求される。また、観測値の精度に対する要求も厳しい。当然、同じ仕様のままでは高価な海水温観測ブイとなってしまう。そこで、開発にあたっては「漁業用」という大きな割り切りをした。

だいたい1時間に1回観測をするが、これが60分ごとでなくても、58分ごとでも61分ごとでも良いことにした。さらに、電池を取り付けたタイミングでタイマがスタートするので、正時とは無縁である。

送信に失敗したらもう一度送信する努力をせずにあっさりと諦め、データの保持も行わない、つまりデータの欠損を許容することにした。

水温計には特殊な水温センサではなく、一般に流通している安価な温度センサを用いる。海水温の観測精度は±0・2℃となる。

＊　毎時00分のこと

このように、目的に対して過剰な性能や精度を切り捨てることで、サイズもコストも消費電流も大幅にダイエットすることができた。実際に、この仕様で漁業者からクレームが寄せられたことはない。むしろ、海水温の観測精度を高めて高価になることや、データの欠損を許容しないために電池交換の頻度が増えることとの方が、クレームを招いたであろう。海洋観測の既成概念にとらわれるのではなく、ユーザが何を求めているのかを見極めることが重要なのである。ユーザがそれほど重要視していない機能の実装にこそ、実は大きなコストを要することもある。

なお、結果的にみれば送信の失敗はほとんどなく、データの欠損率は0・2%程度に留まった。

こうして完成した画期的なユビキタスブイであったが、しばらくの間は注目されることもなかった…。

量産型マイクロキューブの開発

さらに新たな出会いがあった。北海道立稚内水産試験場の佐野稔研究主任（現・北海道立総合研究機構稚内水産試験場主査）から研究室に電話があった。なんでも、マイクロキューブに興味があるという。4日後の日曜日に留萌への出張を予定していることを伝えると、休日にもかかわらず佐野さんも留萌に来るとのことであった。2006年12月のことである。こういうフットワークのいい人とは、たいてい仲良くなれる。案の定、佐野さんは、すぐに研究パートナーとなり、その後、畑中さん、戸田さん、佐野さん、和田の4人で、マリンITを発展させていくことになる。

佐野さんの専門は水産資源学で、当時、ミズダコの資源評価を行うための小型漁船の位置情報の収集に苦慮していた。ハンディGPSを漁業者に配布することで小型漁船の位置情報を収集していたが、電源のON／OFFや電池交換に漁業者の手を介するため、データの取り忘れが少なくなかったのである。留

マイクロキューブ

GPS プロッタ（左側のモニタ）と魚群探知機（右側のモニタ）の間に置かれたマイクロキューブ。佐野さんのリクエストで量産することになった。これまで使い捨てされていた航海計器や操業計器のデータを蓄積して二次利用を図る。小型漁船 1 隻あたり 1 秒に 1 組のデータが蓄積される。ビッグデータのひとつと言えるだろう。

萌で第二十七徳漁丸に設置したマイクロキューブを見た佐野さんは、まるで宝物を見つけたように喜んでいた。

そして年が明けた1月、畑中さんと僕は、佐野さんを訪ねて極寒の稚内にいた。冬の稚内は本当に寒かったが、タコしゃぶはとても美味しかった。稚内水産試験場では、発表会形式で研究交流を図った。佐野さんは早速マイクロキューブを稚内に展開したいと言い、試作品ではなく量産品としてマイクロキューブを作って欲しいと頼まれた。

このときも一気に作業を進めた。回路図を描き、ソフトウェアを書き、2カ月後には量産型マイクロキューブを佐野さんに届けた。あとから考えると、このとき、量産型マイクロキューブを開発したことは大正解であった。規模の大小は別として量産型マイクロキューブを使いたいという人は案外いるものである。量産型マイクロキューブを最初に佐野さんに届けてから10年近く経つが、全国で少なくとも300台以上の量産型マイクロキューブが活用されている。

話を戻そう。畑中さん、そして翌日合流したためにタコしゃぶを食べ損ねた戸田さんと一緒に、極寒の稚内を出発し、旭川経由で留萌に向かった。旭川では豊橋技術科学大学の岡辺拓巳研究員（現・同大学助教）が待っていた。彼もまた、突然メールで連絡があり、マイクロキューブに興味があるのでフィールドを見学したいとのことであった。わざわざ豊橋から極寒の地までやってくるような人とは、やはり仲良くなれるのである。

岡辺さんは海岸工学を専門としており、留萌から帰ると、すぐに遠州灘のシラス漁船に量産型マイクロキューブを展開した。年々規模を拡げ、地道にデータを蓄積するという努力を重ね研究を発展させた。そして、「広域土砂管理のための沿岸地形モニタリング手法に関する研究」というタイトルで博士論文を書き上げた。マリンＩＴの取り組みが博士を創出したという、とても喜ばしい話である。

急速に普及するユビキタスブイ

さて、多少話題が脱線した感があるが、極寒の稚内訪問はもうひとつのつながりを産んだ。利尻・礼文を代表とするコンブ養殖にユビキタスブイの需要があるというのである。

5月の連休が明けると、戸田さんと佐野さんと僕は利尻島にいた。稚内水産試験場の佐野さんの上司（部長）も一緒に来てくれた。利尻富士（利尻山）にはまだまだ雪が残っている時期である。利尻島では6月から7月にかけて養殖コンブの出荷がピークを迎える。それを過ぎるとヒドロゾアという寄生虫がコンブに付着し商品価値を大きく下げてしまうという。

漁業者は経験的に海水温が17℃を超えるとヒドロゾアが寄生することを知っており、毎日船外機船を海に出してアルコール温度計で海水温を測っているとのことであった。そのため、リアルタイムで海水温を知ることのできるユビキタスブイが漁業者の役に立つと部長は考えたのである。

僕はユビキタスブイを準備し、部長は一緒に取り組んでくれる漁業者をみつけてくれた。みんなでユビキタスブイを組み上げ、船外機船に乗って海に浮かべてきた。漁港に戻った頃ちょうど日が暮れた。まもなく、最初の観測データが届き、安心して民宿に向かった。ところが、その晩、初めての利尻島で味わったはずの海の幸の味を全く覚えていない。2時間経っても、3時間経っても次の観測データが届かないのである。留萌での実績はあるし、最初の観測データは届いている、初めてのケースだった。

翌日は利尻島内のすべての漁業協同組合を訪問し、ユビキタスブイを紹介することになっていた。そのため、早朝に協力してくれた漁業者のところへ行った。状況を説明すると、漁業者は「まさか」と言って、海に向かって走った。僕も後を追いかけた。足を止めると漁業者は「やっぱり」と言い、振り返って僕の顔を見ると「沈んでるわ、見えねぇもの、ロープが短すぎた」と続けた。ロープの長さにゆとりがなかったため、潮になびいて沈んでしまったのである。ユビキタスブイの不具合ではないことが判ったので、安心して漁業協同組合に向かうことができた。沈んだユビキタスブイは夕方までに引き揚げておいてくれることになった。

利尻島のすべての漁業協同組合をまわってみたが、半数が多少興味あり、半数が興味なしといった感じの反応であった。しかしながら、ユビキタスブイの存在は広く認知された。水没していたユビキタスブイは引き揚げると問題なく動作した。一晩ブルーな気持ちで過ごすことにはなったが、その代わり24時間の水没に耐える防水性があることが確認できた。3日目、午前中にユビキタスブイを改めて海に浮かべ、戸田さんと一緒に利尻島を離れた。もちろん、その後は順調に観測データが届いた。

これを機に、稚内水産試験場は礼文島を含む道北の多海域にユビキタスブイを展開してくれた。また道南では、卒業研究でお世話になった鹿部漁業協同組合の青年部がユビキタスブイを活用するようになった。こうなると、クチコミで噂が拡がる。道東の漁業協同組合からも問い合わせが届くようになった。前述したように、開発してしばらくは注目されなかったのだが、ここに来てようやく日の目を見始めた。

ユビキタスブイ製品化へ

ある日、株式会社ゼニライトブイ（本社・大阪府池田市）から電話があった。ユビキタスブイについて話を聞きたいとのことである。そして、紳士という言葉がぴったりの担当者が研究室を訪ねてきた。中部地方のノリ養殖で海水温観測のニーズがあり、自社開発を行っているが製品化の目処が立っていない。ついては、ユビキタスブイの技術を購入したいという趣旨のお話をいただいた。そして、１００万円という金額が提示された。まさか、お金の話になるとは思っていなかったが、この技術を売るなら、少なくとも1名の技術者を1年間雇用する対価には相当するだろうと考え、首を横に振った。「それではおいくらになりますか？」との問いに、「５００万円」と答えた。紳士は驚きを隠せない様子ではあったが、持ち帰って検討しますと言われた。ちょっと無理を言ったかな？という気もしたが、５００万円を支払えば製品化の目途が立っていない状況から、明日にも脱却できるのである。さらに、僕らには北海道で越冬した実績もある。そう考えると、法外な金額ではないと思った。

同じ考えをされたかどうかは定かではないが、数日後「５００万円用意します」との電話があった。かくして、ユビキタスブイは「簡易水温モニタリングシステム」として製品化され、全国で活用されるようになった。

リアルタイム資源評価システムに着手

量産型マイクロキューブが気に入った佐野さんは、ミズダコに続いてマナマコの資源評価（94ページ参照）に着手した。北海道産のマナマコは中国市場の開拓に成功し、高値で取り引きされるようになった。その結果、漁業者の漁獲意欲が向上し、全道的に資源量が減少していた。

資源量の減少には前例があった。1990年代半ば、北海道留萌管内鬼鹿地区の海からマナマコが消えた。マナマコを獲り尽くしてしまい資源が枯渇したのである。その代償として、資源回復のために3年間の禁漁を強いられた。この前例を繰り返さないためにも、資源管理が必要だと佐野さんは考えた。同時に、水産試験場が指示する漁業者にとって受動的な資源管理ではなく、漁業者が決める主体的な資源管理でなければならないと考えた。

北海道産のマナマコ

マナマコは体色によりアカ型、アオ型、クロ型の 3 種類に分類される。北海道のマナマコはアオ型であり、「いぼだち」が良い。マナマコの生態にはわからないことが多く、年齢査定技術もまだ確立していない。マナマコ資源を守るためには漁獲管理に加えて、密漁対策も重要な課題となっている。

留萌地区では毎年6月16日から8月31日までの期間をナマコ桁網漁の漁期としていた。2007年の漁期後、米倉さんから第二十七徳漁丸の操業日誌を入手した佐野さんは、量産型マイクロキューブに記録された航跡と操業日誌に記録された操業開始時刻、操業終了時刻、漁獲量をもとに、マナマコの資源分布図を作成してみた。面白いもので、数字の並びが図（マップ）に変換されると、目から入った情報は一瞬で理解できるようになる。

米倉さんも資源分布図に興味津々であった。2008年の漁期後には資源分布図の作成に加えて、資源量の推定も行った。こうなると、漁期後ではなく漁期中にデータを活用したくなるのは、漁業者だけではなく、僕らも同じだった。こうして、マナマコのリアルタイム資源評価システムの実現に向けた取り組みがスタートした。

やるべきことは3つあった。ひとつは量産型マイクロキューブのデータをオンラインで収集すること、もうひとつは操業日誌をデジタル化し同様にデータをオンラインで収集すること、そして、データを収集するシステムを構築するために沿岸域に無線ブロードバンド環境を整備することであった。IEEE802・11j規格の無線LANシステムを用いて構築した沿岸域の無線ブロードバンド環境を、僕らは「マリンブロードバンド」と呼んだ。

マリンブロードバンド環境の構築

2009年、海岸線の高台に無線LANシステムの基地局を、第二十七徳漁丸を含む3隻の小型漁船に無線LANシステムの移動局を設置した。基地局にはインターネットを敷設し、基地局と移動局の間はIEEE802・11j規格の無線LANでバックボーン†を形成した。また、移動局である小型漁船にはIEEE802・11g規格のアクセスポイントを設置した。少々回りくどい説明となったが、つまりは小型漁船でもノートパソコンなどでインターネットが使える環境を構築したのである。それもADSL並みの速さで。

量産型マイクロキューブもマリンブロードバンドに適応させるため、イーサネットポートを搭載した第2世代を開発した。これによって、小型漁船の位置

*　4.9 GHz 帯および 5 GHz 帯の周波数を利用した無線 LAN の規格。運用にあたっては第三級陸上特殊無線技士の資格が必要である

†　拠点間をつなぐ高速大容量の基幹ネットワーク

がリアルタイムでわかるようになった。せっかくなので、複数の小型漁船の位置を表示することのできるGPSプロッタも開発した。

なお、第2世代の量産型マイクロキューブはハードウェア、ソフトウェアともに独自に開発したが、GPSプロッタは量産モデルのソフトウェアを外注によりカスタマイズしたものである。僕の研究室にもGPSプロッタを設置して、小型漁船をモニタリングした。顔を知った漁業者が海の上で頑張っている様子を想像することができ、楽しく、また、うれしかった。2010年に第二十七徳漁丸にネットワークカメラを設置すると、リアルタイムの映像に加え、漁業者間の無線を介した会話が音声として聞こえ、一緒に操業をしているかのような気持ちになれた。

ところで、このGPSプロッタにはもうひとつ機能を追加している。佐野さんが作成した資源分布図を、背景画像として表示できるようにしたのである。これにより、資源分布図の上に小型漁船の航跡が直接描かれるようになった。以前のように、資源分布図とGPSプロッタを見比べながら、頭の中で重ね合

ネットワークカメラの画像

第二十七徳漁丸と第二徳漁丸に設置したネットワークカメラの映像で、函館にいながら操業の様子や留萌の天気を知ることができる。米倉さんが笑いながら「監視されている」と言うので、僕も笑いながら「見守っている」と言い返す。マリンブロードバンドなら映像も滑らかである。

わせて考える必要がなくなった。

操業日誌デジタル化の苦戦

最も手を焼いたのは操業日誌のデジタル化であった。2009年にウェブアプリ*として操業日誌を試作し、2010年の漁期に防塵防滴のタッチパネルパソコンを3隻の小型漁船に設置し運用を開始した。ところがである。早々に2隻は利用をやめてしまった。第二十七徳漁丸の米倉さんだけは最後まで利用してくれたが、とにかく使いづらいと大不評であった。「起動ってなんだ？すぐに使えないのか？」「シャットダウンってなんだ？」「バッテリが持たない！」などなど、GPSプロッタや魚群探知機のようにスイッチを押せばすぐに使える道具に慣れている漁業者にとって、パソコンはこの上なく不便な道具だった。加えて、ウェブアプリの応答が悪い、あげくにOSがフリーズする、といった点もマイナスの評価を助長した。大失敗である。唯一、天気図が見られるなど、インターネットが利用できる点だけはプラスの評価であった。この

＊　ウェブブラウザを介して動作するウェブサーバのアプリケーション。代表的なウェブアプリにウェブメールやSNSがある.

ようにして2010年の漁期は、2009年から技術的な進歩の無いまま終えてしまった。

2010年12月12日、畑中さん、佐野さん、岡辺さんらと、函館の温泉街、湯の川で恒例の「座談会」と称する会合を開催した。毎年末に開催している宿泊大忘年会である。ただし、ただの忘年会ではなくプロジェクタとスクリーンを部屋に持ち込み、夕食の後には日付が変わるまでプレゼンテーション大会が続く。この座談会を継続しているおかげで、その年の研究成果や課題、次の年に向けた研究計画を共有することができ、ざっくばらんな討議の中から新たなアイデアが創出されるのである。

iPadを活用したデジタル操業日誌のアイデアもここで生まれた。この年の座談会には、「海が時化たから」と、米倉さんを含む4名の漁業者が飛び入りで参加してくれた。前夜、クルマで留萌を出発し、途中で1泊して函館まで来てくれたのである。

プレゼンテーション大会の途中でウトウトしてしまった僕は、足をくすぐられて目が覚めた。そして、「和田さんの番だよ」と言われ、淡々とプレゼンテーションを始めた。プレゼンテーションを終えたあと、ｉＰａｄを頭上に掲げて、「これいいでしょ?」と言ってみた。ｉＰａｄはその年の5月に発売されていたが、まだｉＰａｄを持っていたのは僕だけだった。漁業者のひとりが興味を示していた。翌朝、集合写真を撮ったあと、「海が凪（な）ぎたから」と漁業者は早々に帰路についた。数日後、携帯電話が鳴った。ｉＰａｄに興味を示していた漁業者からである。「もしもし」と言う間もなく、威勢のいい声が飛び込んできた。「先生！ ｉＰａｄ買ったから使い方教えて！」。スゴイ勢いだなと思った。

「座談会」（宿泊大忘年会）

2014 年の座談会は札幌の温泉街、定山渓（じょうざんけい）で開催した。近年は次の世代を担う若手漁業者も参加している。畑中さん、米倉さんは iPad のビデオ通話アプリ、「FaceTime」での参加となった。この年も日付が変わるまでプレゼンテーション大会が続いた。楽しそうにスライドを指差しているのが佐野さん。

marine_IT *column*

ユビキタスブイ

センサネットワークシステムという言葉を聞いたことがあるだろうか?その代表格が天気予報でおなじみのアメダスだと言えば、聞いたことがなくても、どのようなものなのか想像することができるだろう。アメダスは全国に約1300ヵ所の観測所があり、毎時気温や降水量を観測している。観測されるデータは点のデータで、気温なら10・3℃、降水量なら3・5mmといった数値であり、データを集約すると面のデータに展開することができる。例えば、数値の大小を色で表現して日本地図にプロットすると、どこが暑いのか、どこで雨が降っているのか、一目瞭然となる。

ユビキタスブイは「海のアメダス」である。地球温暖化による海水温の上昇は、魚介類の分布や成長にも影響を与えている。漁業者がこれまでに経験したことのない海洋環境に対応していくためには、海を知る必要がある。ユビキタ

スブイは主に海水温を観測しているが、風向風速に対応する流向流速なども観測している。アメダスとの最大の違いは、点のデータではなく線のデータを観測していること。つまり観測されるデータは水深ごとのデータで、海水温なら18・7℃（10m）、14・5℃（20m）、10・8℃（30m）といった数値群であり、データを集約すると空間のデータに展開できる。例えば、ホタテの斃死（へいし）を引き起こす冷水塊がどこの、どの水深帯にあるのか、一目瞭然となる。さらに、パラパラマンガのように時系列でデータを観察すると、冷水塊の動きも知ることができる。

僕らの目標は全国の沿岸に1000基以上のユビキタスブイを浮かべること。「明日の海水温は…」という海の天気予報が将来実現するだろう。

（和田雅昭）

marine_IT
column

マナマコの資源評価

水産資源の維持、管理は、将来の世界規模の食料不足を解決、回避するためにも重要な課題である。水産資源を維持、管理するためには、資源の状態を把握することが不可欠である。

僕らが取り組んでいるマナマコの場合には、最初に来年以降のために獲り残す資源量、すなわち漁期後の資源量を定める。そして、漁期前の資源量から漁期後の資源量を差し引いた値を漁獲可能量としている。本当の資源量を知ることはできないが、できる限り確からしい値となるように漁期前の資源量を推定することが重要である。

僕らは位置情報を利用することで漁期前の資源量を推定している。札幌市のように碁盤目状に整備された都市の人口を推定することを考えてみよう。この都市には100の区画があり、2人で調査したと仮定する。位置情報がない場合には、「5区画調査した結果、5区画の合計

人数は400人であった」、「7区画調査した結果、7区画の合計人数は800人であった」という結果が得られたとすると、1区画の平均人数は100人となり、100区画であるから1万人が推定した人口となる。人口密度が一様であることを前提としているため、大きな誤差を含んでいるかもしれない値である。一方、位置情報がある場合には、「18条3丁目の人数は101人であった」というように区画ごとの結果が得られるため、人口密度を考慮した推定が可能になる。もちろん未調査区画は補間することになるが、確からしい値に近づく。

僕らの研究成果を全国の漁業者が活用できるように「北海道マナマコ資源管理ガイドライン」を作成した。現在、他の漁法、他の魚種にも研究を展開している。

（和田雅昭）

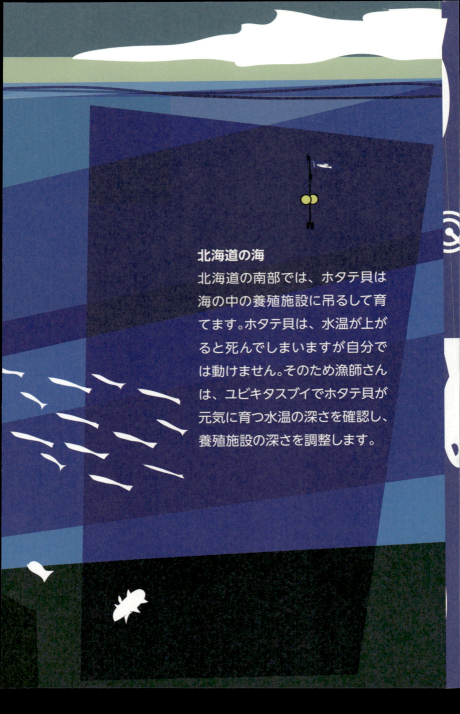

北海道の海

北海道の南部では、ホタテ貝は海の中の養殖施設に吊るして育てます。ホタテ貝は、水温が上がると死んでしまいますが自分では動けません。そのため漁師さんは、ユビキタスブイでホタテ貝が元気に育つ水温の深さを確認し、養殖施設の深さを調整します。

インドネシアの海

インドネシアのバリ島では、サンゴ礁がつくる防波堤のなかに魚の養殖施設があります。グルーパ（ハタ科の魚）が養殖施設の網の中で元気に泳いでいます。しかし時たま魚たちが大量に死んでしまうことがあります。大量死の原因究明と予防にユビキタスブイが役立っています。

marine_IT column

ホタテの画像認識

「この画像、処理できませんか?」

7、8年前の水産試験場の方からの一言が水産画像処理に関わるキッカケだったと記憶している。ホタテガイの資源量を推定するために漁場の写真を撮影している、とのこと。現場へ行って驚いた。過去数年分の海底写真が数千枚。

「これらを目で見て数えているのです」

こうして取り組みは始まった。海底写真からホタテガイを自動的に抽出して数を数える。一時期流行した「ウォーリーを探せ」に似ているな、と思いつつ、抽出のアルゴリズムを試行錯誤する。

海底には岩や泥、砂、さらに他の貝等が無数に散乱しており、また、抽出すべきホタテガイにも個体差がある。砂に潜っていたり、似たような石に紛れていたりもする。このような中で高精度な抽出をいかに実現するかが研究課題の中心となる。

海底画像を終日眺めていると、最初は見つけ

るのも困難であったホタテガイがだんだん浮かび上がってくる。

「今、なぜ見えた?」

そんなことを自問自答し、その答えを忠実に実装する。画像処理研究の王道ともいえるアプローチを日々繰り返す。

この研究は現場に寄り添い実用的との評価を幸い頂戴しているが、一方で、海の底を見る機会などテレビ以外になかった筆者にとって、これらの画像群は新鮮であり、「実用的」とか「学術的」とかいう言葉を超えて、純粋に興味深い。目新しいという意味では、語弊はあるが新しい玩具を手に入れた感覚にも似ている。

場所が変わると海底の様子も一変する。今までとは全く異なる玩具となる。そして今宵も新しい玩具を眺める。

「この画像、処理してみたいです」

(戸田真志)

marine_IT
column

海底の広域可視化

コンブ漁場を撮影した映像の解析ができないか、という問い合わせをいただいた。水産画像処理の研究に携わるようになって一年半くらい経過した頃だろうか。

目的は漁場のコンブ資源量の推定。まずは映像を拝見し、諸々の相談をしながら処理を進める。

この研究ではコンブのみならず、アイヌワカメ、紅藻類、スガモなど、さまざまな藻類の抽出を試みた。それに伴いコンブ資源量の推定に加え、雑海藻駆除の状況把握なども期待され、大いに研究の拡がりを感じたテーマであった。

われわれが海底映像を取り扱ったのはこの研究が初めてだが、時間連続性のある映像の場合、やはり繋ぎ合わせて一枚の大きなパノラマ画像としたくなるのは必然である。

パノラマ画像の作成機能は、市販のデジタルカメラにも搭載されており、読者の中にも実際に使ってみたことのある方も多いだろう。この

コンブ漁場の海底映像から展開したパノラマ画像

ように昨今では身近なパノラマ画像ではあるが、作成した「海底パノラマ画像」を現場にお持ちすると、

「初めてみた！」

「へー、こうなっているのかー」

などの声が耳に入る。これらの声は、水産業の操業場所である海中・海底や操業対象である水産資源を直接的に「みる」ことの意義を筆者らに気づかせてくれるに十分なものであった。

航空写真などを利用し地球上の至る場所を眺めることのできるサービスは、すでに一般的である。次は海か。極めて透明度の高い海水に満たされているかのように、海の中、海の底の様子を広範囲に渡って容易に目視できる、そんな想いが沸き上がる。あえて言うならモーゼの海割りの実現か。そんなシーンを夢見て研究を進めている。

（戸田真志）

デジタル操業日誌の「エビ」アイコン

第3章

みんなのマリンIT

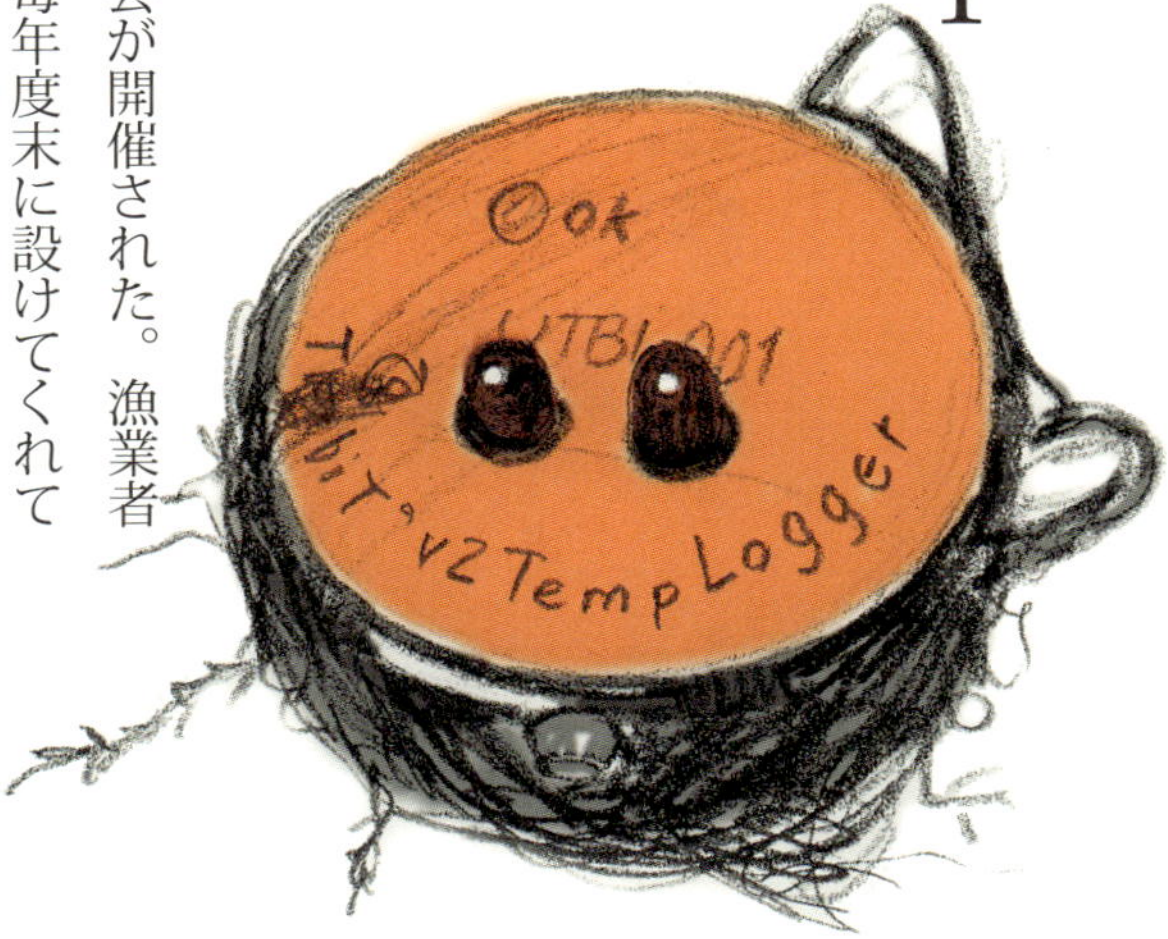

漁業者はiPadに夢中！

年が明けて2011年3月3日、留萌で恒例の報告会が開催された。漁業者に僕らの1年間の取り組みを報告する場を、留萌市が毎年度末に設けてくれているのである。ここで勝負に出ることにした。タッチパネルパソコンでは大失敗だった操業日誌のデジタル化を、iPadでやってみようと思ったのである。報告会に向けて簡単なデモアプリケーションを作り、それをインストールした数台のiＰａｄを持参して漁業者に操作してもらった。

勝算は五分五分と考えていた。ところがである。漁業者はせっかく用意したデモアプリケーションはそっちのけで、手にしたiＰａｄを楽しみ始めた。初めてiＰａｄに触れた漁業者が、説明もしていないのにマップを起動して航空写真に切り替えて拡大し、「これ俺の船！」と言っているのである。しかも満面の笑みで。イケる、と直感した。その場で「今年の漁期はiＰａｄを使ってみませんか？」と提案した。果たして、留萌地区なまこ部会16隻のうち、10隻が導入することになった。

ここからが大変である。解禁日となる6月16日までに、実用に耐えるアプリケーションを完成させなくてはならない。漁船もこれまでの3隻から10隻に増えることから、マリンブロードバンドも見直さなくてはならない。マリンブロードバンドの見直しは自分でやるとして、アプリケーションの開発は外注しなければ間に合わない。インターネットでiＰａｄアプリケーションの開発を

報告会で iPad を触る漁業者

楽しそうに iPad を操作する米倉さん。年度末の報告会は漁業者に新たな提案を行う場にもなっている。2010 年度の報告会で、僕はスティーブ・ジョブスのように iPad を紹介し、デジタル操業日誌として活用することを提案した。「メッセージ」や「FaceTime」など、いまでは iPad は漁業者と僕らの欠かせないコミュニケーションツールとなっている。

請け負っている会社を探して問い合わせても、金額も納期もはるかにオーバーする回答しか得られない。過去に外注した経験から、ｉＰａｄアプリケーションの開発実績が少ない会社には頼めない。ｉＰａｄのＯＳであるｉＯＳには良くも悪くも、それほどクセがあるのだ。

アプリ開発のターゲットは70代

４月に入り、アプリケーションの開発は暗礁に乗り上げたかのような観さえあった。なんで請け負ってくれる会社が見つからないんだろう？　と繰り返し考えているうちにひらめいた。世の中にはこんなにたくさんのｉＰａｄアプリケーションがあるのだから、自分が使いやすいと思えるアプリケーションの開発元に直接問い合わせてみよう！　一番のお気に入りは、天気予報アプリの「そら案内」であった。早速、ホームページのお問い合わせフォームから連絡をしてみた。相手にしてもらえるか不安もあったが、翌日返信をいただくことができた。１週間後、開発元である大阪の株式会社フィードテイラーを訪問した。応対してくれたのは大石裕一社長であった。もの静かな印象を受けるが、こちらの質問にはテキパキと回答してくれる。その応対からｉＯＳの知識と経験が豊富であることはすぐにわかった。取り組みの全体像を説明したあと、開発を依頼したいｉＰａｄアプリケーションの具体的な内容をお伝えした。

すると大石さんは、僕がイメージしていたシステム構成はｉＯＳの制約により実現不可能なこと、さらには実現可能な代替案について、その場で丁寧に解説してくれた。技術面は見通しが立った。問題は金額と納期である。２ヵ月後には漁期を迎える。ストレートに聞いてみた。「なるほどですね」と言ったあと、大石さんは続けた。「やってみましょう」

開発が始まり、ｉＰａｄアプリケーションには「デジタル操業日誌」というコードネームがついた。デジタル操業日誌の開発には、大失敗に終わった２０１０年の経験がおおいに役立った。

ユーザとなる漁業者の年齢層は30代から70代までと幅広い。仕様を決めるためのヒアリングには、主に30代と40代の漁業者が応じてくれた。資源評価のために最低限必要となる、操業開始時刻、操業終了時刻、漁獲量の３つの項目以外にも、天気や風、潮などの項目も記録したい、という声があがったが、迷うことはなかった。コンセプトは「嫌われないデジタル操業日誌」である。使ってもらえなければ何の意味もない。メインターゲットを最年長の70代の漁業者として仕様を策定した。入力項目は、操業開始時刻、操業終了時刻、漁獲量の３つだけとし、天気や風、潮などは、備考欄を設けて記録できるようにした。70代の漁業者にも「３つだけ入力してください」というお願いなら聞いてもらえると考えたのである。

マリンITの情報デザイン

ところで僕は、大学で情報システムコースに所属している。はこだて未来大学は情報系の単科大学なのだが、複雑系、知能システム、情報デザイン、そして情報システムの４つのコース構成がとてもユニークだ。高校を訪問しての模擬授業などでは、目に見えない、または直接触れることのできないＩＴが情報システム、一方、目に見える、または直接触れることのできるＩＴが情報デザイン、という説明をしている。銀行のＡＴＭを例にとると、質問形式でユーザを導くためのタッチパネルの画面レイアウトや、画面遷移の設計が情報デザインであり、バックグラウンドで行われる暗証番号の認証や、口座残高の更新のためのネットワークやデータベースの構築が情報システムである。つまり、人と接するシステムは、情報システムと情報デザインがあって、はじめて完成する。

その意味で、デジタル操業日誌はシステムとして未完成であったが、完成への見通しは立てていた。同僚で情報デザインコースの岡本誠教授にデジタル操業日誌のデザインを担当してもらおうと決めていたのである。情報システム＋情報デザイン、これこそが、はこだて未来大学の、そしてマリンＩＴの大きな強みである。僕の研究室は4階にあり、岡本さんの研究室は2階にある。僕が漠然としたアイデアを頭に浮かべて階段をくだり、岡本さんの研究室を訪ねると、簡単な会話から僕のイメージを引き出し、鉛筆と紙で、ときには、マウスとディスプレイで、それを目に見える形にしてくれる。逆に、岡本さんのアイディアスケッチから会話が始まることもある。

そんなやりとりから、マリンＩＴの各種システムのインタフェースデザインはもちろん、マリンＩＴの旗（１５２ページ参照）やグッズなど漁業者との協働のためのコミュニケーションデザインまで、いくつもの成果が生まれている。

デジタル操業日誌も同様であった。１日の操業回数は最大で8回、１回の操業での入力項目は３つ、ユーザは70代を含む漁業者、といった前提条件をもとに、岡本さんの研究室で一緒に考えた。正確には、考えたのは岡本さんで、僕は前職での経験にもとづき、漁業者の目線からコメントを加えただけである……。

デザインの方針が決まると、岡本さんは大石さんに渡すための画面レイアウト図を作成してくれた。ボタンの大きさや位置まで細かく指定されており、はじめて画面レイアウト図を見た僕は、へぇ～と感心したことを覚えている。完

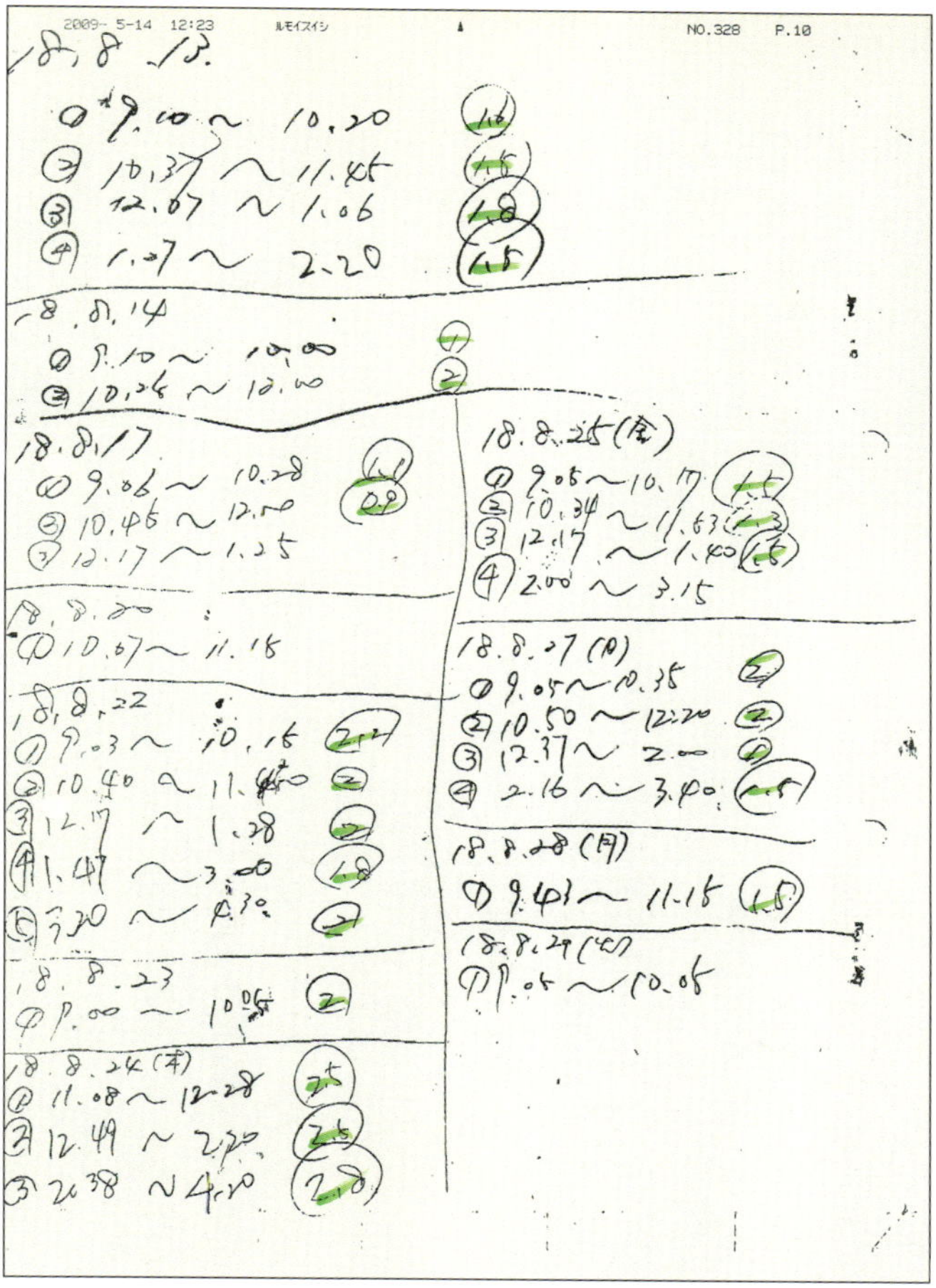

2009- 5-14 12:23 ルモイスイシ NO.328 P.10

18.8.13
① 9.10 ~ 10.20 (1.6)
② 10.37 ~ 11.45 (1.5)
③ 12.07 ~ 1.06 (1.8)
④ 1.07 ~ 2.20 (1.8)

18.8.14
① 9.10 ~ 10.00 (1)
② 10.28 ~ 12.00 (2)

18.8.17
① 9.06 ~ 10.28 (1.1)
② 10.46 ~ 12.00 (0.9)
③ 12.17 ~ 1.25

18.8.20
① 10.07 ~ 11.18

18.8.22
① 9.03 ~ 10.16 (2.1)
② 10.40 ~ 11.40 (2)
③ 12.17 ~ 1.28 (2)
④ 1.47 ~ 3.00 (1.8)
⑤ 3.20 ~ 4.30 (2)

18.8.23
① 9.00 ~ 10.05 (2)

18.8.24(木)
① 11.08 ~ 12.28 (2.5)
② 12.49 ~ 2.20 (2.5)
③ 2.38 ~ 4.10 (2.8)

18.8.25(金)
① 9.05 ~ 10.17 (1.5)
② 10.34 ~ 11.53 (1.3)
③ 12.17 ~ 1.40 (1.8)
④ 2.00 ~ 3.15

18.8.27(月)
① 9.05 ~ 10.35 (2)
② 10.50 ~ 12.20 (2)
③ 12.37 ~ 2.00 (2)
④ 2.16 ~ 3.40 (1.5)

18.8.28(火)
① 9.43 ~ 11.15 (1.5)

18.8.29(水)
① 9.05 ~ 10.05

手書きの操業日誌

手書きの操業日誌には、投網時刻と揚網時刻、漁獲量が記入されている。以前は佐野さんが漁期後に FAX で手書きの操業日誌を受け取っていた。漁業者へのヒアリング結果と手書きの操業日誌をベースに岡本さんがデジタル操業日誌をデザインした。

成したのは画面遷移のない、スワイプ*もピンチ†も使わない、1枚のシンプルな画面レイアウトのインタフェースであった。

畑中さんはサーバの対応をしてくれた。岡本さんはｉＰａｄのアイコン‡を作ってくれた。大石さんは、約束どおりｉＰａｄへの実装を間に合わせてくれた。４人が力を合わせそれぞれの役割を果たすことで、デジタル操業日誌は２カ月足らずで完成したのである。なお、デジタル操業日誌というコードネームは、そのままアプリケーション名となった。

２０１１年6月3日、翌々週の解禁を前に、留萌の新星マリン漁業協同組合の会議室で事前説明会が開催された。僕はデジタル操業日誌をインストールしたｉＰａｄを8名の漁業者に配布し、２名の漁業者のｉＰａｄにデジタル操業日誌をインストールした。使い方を説明するにあたり、やはり不安は70代の漁業者であった。杞憂（きゆう）という言葉は、きっとこういうときに使うのだろう。時折戸惑う素振りを見せながらも、漁業者は真剣にｉＰａｄに向き合ってくれた。

＊　画面上で指を滑らせる操作。ページを前後に動かすことができる

†　画面上で２本の指を遠ざけたり近づけたりする操作。表示を拡大・縮小することができる

‡　p.6、p.46、p.102の絵は、岡本さんが作成したアイコンをモチーフにした。

iPad に向き合う漁業者

事前説明会において、真剣な表情でデジタル操業日誌を操作する漁業者。一番右で説明しているのが佐野さん、右から 3 人目が最年長（70 代）の漁業者。「忘れずに入力してください」ではなく、「たまに入力を忘れても資源量の推定値はほとんど変わりません」と説明した。ゆとりを持てたことで、最後には笑顔も見られた。

6月16日、いよいよ解禁日を迎えた。僕は大学の研究室で第二十七徳漁丸のネットワークカメラの映像とGPSプロッタに表示される10隻の小型漁船の動静を見守った。

第3世代マイクロキューブ

デジタル操業日誌の話題が中心となってしまったが、一方で、僕は新しいマイクロキューブの開発を進めていた。マリンブロードバンドは画期的な沿岸域の無線ブロードバンド環境であるが、とにかく高価である。とても追加で7隻に移動局を設置することはできない。また、マイクロキューブの今後の普及のためには、低価格化に加えて、手軽さが重要であると考えていた。そこで、ユビキタスブイの技術を応用して、携帯電話を内蔵した第3世代の量産型マイクロキューブを開発した。

これは、僕の個人的なポリシーであるが、新しいものを開発するときには、必ずチャレンジを含めるようにしている。つまり、少々厳しい制約を設けるの

第 3 世代の量産型マイクロキューブ

第 3 世代の量産型マイクロキューブを活用した小型漁船のモニタリングシステムの導入は全国に広がっている。近畿運輸局はサワラ流網漁船のモニタリングシステムを、周防大島町（山口県）は町営渡船のモニタリングシステムを運用している。マリン IT・ラボは団体、個人を問わず、モニタリングシステムの導入と運用を支援している。

である。このときは、シングルチップ*の構成にこだわった。もちろん、メモリを拡張すればソフトウェアの実装は楽になるし、短期間で開発を終えることができる。しかしながら、それではプリント基板のサイズは大きくなり、部品点数も増える。何よりも、制約を設けないでいると、工夫するために頭を働かせるチャンスを失ってしまうのである。実にもったいない。最初からできることが分かっている開発は単なる作業であり、そこに創造性はなく、次に活かせる技術も身に付かない。その結果、いいモノはできず、達成感もないから愛着も湧かない。

思ったよりも苦労は多かったものの、第3世代の量産型マイクロキューブは無事完成し、解禁日までに、10隻の小型漁船への設置を終えていた。

漁業者のオチャメなつぶやき

デジタル操業日誌には、もうひとつ嫌われないための工夫をしていた。2010年の失敗は、ウェブアプリの応答が悪いことも大きな要因であったと考え

＊　外付けの拡張メモリや入出力を使わず、マイコンの内蔵メモリと入出力のみで構成された処理装置

られた。そこで、スタンドアロン*で動作するアプリケーションとした。漁業者の入力はアプリケーションが直ちに受け付ける。アプリケーションは入力されたデータを記憶しておき、インターネットが使える環境になるとバックグラウンドでサーバに接続し、データをアップロードする。これにより本当の意味でのリアルタイム性は失うが、応答性は向上する。優先すべきは明らかに後者であった。また、資源評価という目的に対しては、データのアップロードは1日に1回で十分であった。マリンブロードバンドが利用可能な3隻を除いては、船上でインターネットを利用できないことから、漁港にアクセスポイントを設置して、帰港後にデータをアップロードできるようにした。

結局、解禁日は操業が終わるまで、ネットワークカメラの映像に見入っていた。というよりも、生じうるトラブルに対応するため、聞こえてくる無線にも耳を傾けながら待機していたのである。しかしながら、僕の出番はなく、あっけないほど順調に操業初日が終わった。操業2日目も、操業3日目も、僕の出番はなかった。サーバには順調にデータがアップロードされていた。事前に十

*　サーバに接続しなくても単独で使用できること

分な動作確認を行っているとはいえ、本番で動くと本当にうれしいものである。

サーバにアップロードされたデータを見てみると、備考欄には思ったよりも多くのメモが残されていた。「出し風吹いたり止んだり！」、「うねりやや高い」、「潮速くなり中止」のように操業に関連しているものから「スケベな潮少し速い」、「ミナミちゃんが怒ってきて中止！」、「商法0・5ハチ0・7チョコボっこ0・2法隆寺」のように多少暗号めいたもの、なかには「暑い！暑すぎる。チョコボール頭大丈夫か？心配だ」のように、操業には直接関連がないであろうと思われるオチャメなつぶやきまで様々であった。

データが順調に集まったことから、佐野さんは毎週金曜日にデータを解析し、「留萌マナマコ資源速報」を発行した。もちろん、その結果は漁業者にも届けられた。

これらのデータの取り扱いについて、留萌地区なまこ部会では「全隻の合計や平均など、加工されたデータだけを共有する」という取り決めをしていた。

H23年留萌マナマコ資源速報　No.7

この速報は農林水産委託研究事業（新たな農林水産施策を推進する実用技術開発事業：操業情報共有による北海道マナマコ資源の管理支援システム開発とガイドラインの策定（H23-25））の一環として実施しています。

平成23年6月16日から7月28日までのマナマコ資源評価結果（操業22日分）
留萌地区のなまこ漁場の98％（地図の■の部分）の
今漁期の資源量は，81．6トンで、漁獲量は25．5トンです。
昨年（H22年）の獲り残しは25トンです。
昨年から今年漁期前までに増えた資源量は56．6トンと思われます。

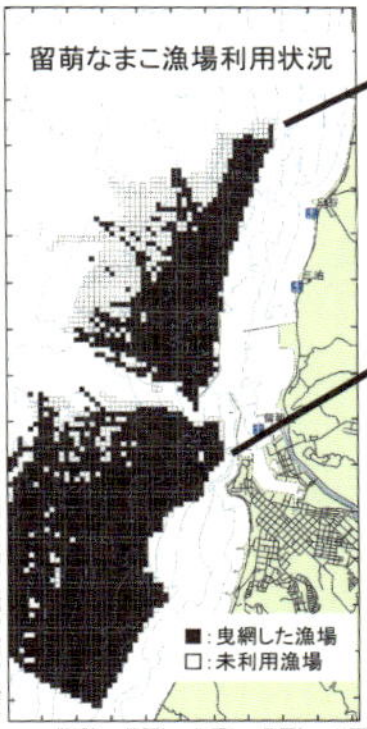

三泊地区で曳網した漁場（■）は
漁場全体の77％です。
計算上，この場所（■）の資源量しかわかりませんが，
漁期初めの資源量は30．4トンでした。（昨年は17．8トン）
そのうち27．6％（8．4トン）を漁獲しました。

礼受・瀬越地区で曳網した漁場（■）は
漁場全体の100％を超えました。
計算上，この場所（■）の資源量しかわかりませんが，
漁期初めの資源量は51．2トンでした。（昨年は35．1トン）
そのうち33．4％（17．1トン）を漁獲しました。

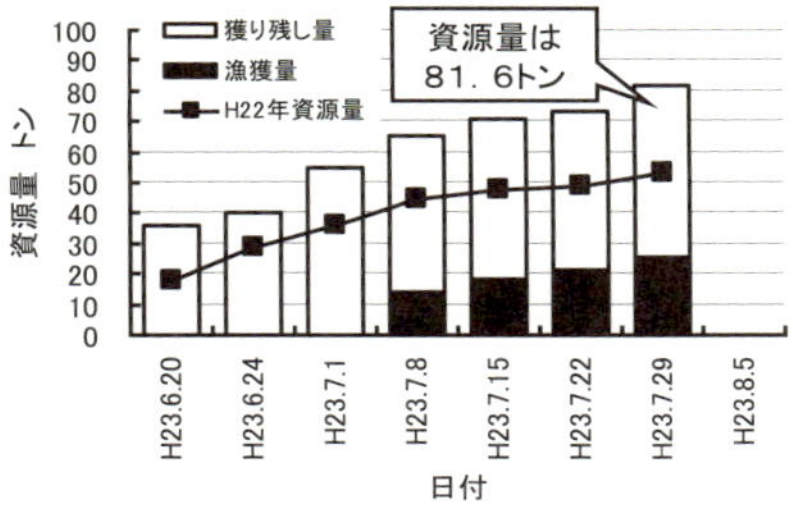

図1　留萌地区全体のマナマコ資源量の推移

注①：曳網した漁場が増えると資源量推定に使うデータが増えますので，資源量の推定値が変わっていきます。
注②：水揚げ量は暫定値です。

資源評価の詳細を確認したい方は下記のマナマコ資源評価サイトにアクセスしてください。
http://sigenkanri.jp

次回の発行は8月5日です。

研究機関：北海道立総合研究機構（稚内水産試験場，中央水産試験場），東京農業大学，公立はこだて未来大学、北海道大学北方生物圏フィールド科学センター、水産総合研究センター北海道区水産研究所、日本事務器株式会社北海道支社
協力機関：新星マリン漁業協同組合，留萌南部地区水産技術普及指導所

留萌マナマコ資源速報

魚介も情報も鮮度が命である。漁期後に「今年は獲り過ぎました」という情報を届けても意味がない。僕らは新鮮な情報を漁業者に届けるための流通システムを整備した。佐野さんが発行した留萌マナマコ資源速報が、漁期打ち切りの判断材料となった。当時はFAXで配信していたが、現在はウェブで配信している。

この取り決めにより、資源の状況を把握することができる一方で、個人情報は守られる。情報共有にはじめて取り組む漁業者にとっても抵抗の少ない、上手な方法だと思った。

単機能アプリで漁業者の混乱を避ける

7月末、もうひとつのアプリケーションが完成した。閲覧用のデジタル操業日誌である。これまでのデジタル操業日誌は入力専用で、過去に入力した内容を閲覧することができなかった。それでは不便なことはわかっていたが、解禁日までに両方準備することができなかったのである。結果的には、漁業者に一度にたくさんのことを覚えてもらう必要がなかったので、入力専用という単機能であったことがプラスに働いたように思っている。

閲覧用のデジタル操業日誌の開発でもいくつかの工夫をした。デザインについては、いつものように岡本さんの研究室で一緒に知恵を絞った。漁業者が混乱しないことを最優先として、ひとつのアプリケーションで入力と閲覧の両方

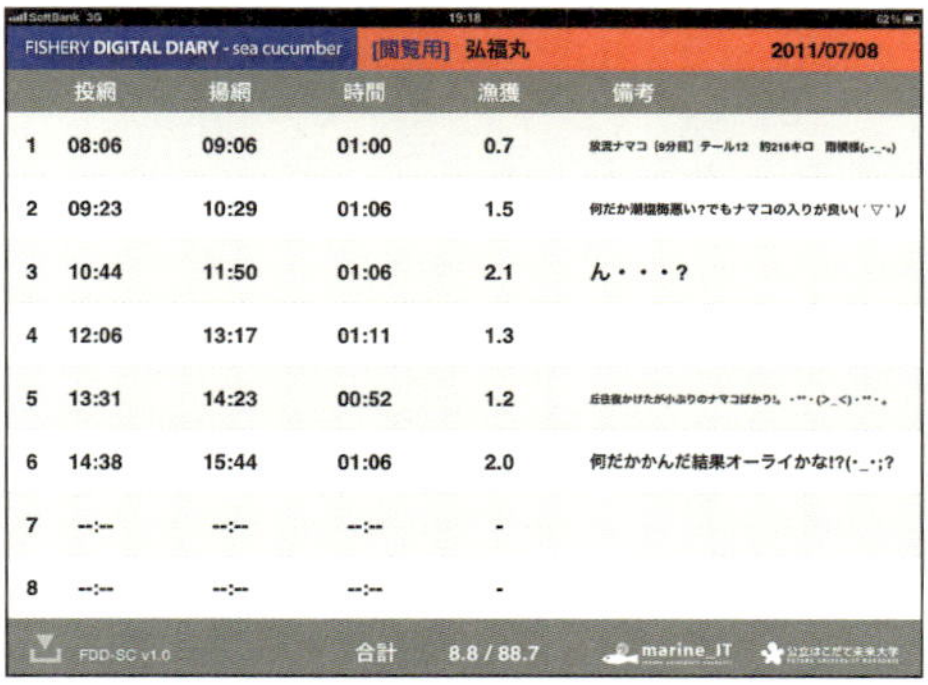

デジタル操業日誌の画面

デジタル操業日誌はとてもシンプルなアプリケーションである。入力方法は簡単だが、運用していると入力のルールを定める必要があることがわかった。投網時刻を投網前に入力する漁業者と投網後に入力する漁業者がいたのである。投網前後にかかわらず、投網位置から50mの範囲内で入力することをルールとした。

を行うことは止めて、それぞれ別のアプリケーションとした。黄色が特徴的な入力用デジタル操業日誌の画面に対して、閲覧用デジタル操業日誌は朱色が特徴的な画面とした。色を変えて異なるアプリケーションであることを明確にしつつも、画面レイアウトは入力用デジタル操業日誌のイメージを引き継ぐことで、関連アプリケーションであることを明確にしている。

システム面では、ＵＤＩＤと呼ばれるｉＰａｄの識別子を用いて漁業者を特定することで、ＩＤやパスワードなどを用いることなく、データが他の漁業者に漏洩（ろうえい）することがないよう保護した。この方法は漁業者に説明しやすく、また、漁業者にとってもわかりやすいものでたいへん好都合だった。その他、表示当日までの累計漁獲量を計算して表示する機能なども設けた。

大学が夏休みに入ると、６名の学生を連れて留萌を訪問し、操業に同行した。８月５日のことである。解禁日から1ヵ月半ほど経過していることもあり、漁業者は慣れた手つきでｉＰａｄを操作していた。この日はＮＨＫのカメラマンも同行した。このカメラマンは「漁業者＋ｉＰａｄ」というミスマッチ

慣れた手つきで iPad を操作する漁業者

1 年前はタッチパネルコンピュータを持てあましてしまった漁業者も、手慣れた様子で iPad を操作していた。海で使うから防塵防滴のツールでなくてはならない、というのは僕らの思いこみでしかなかった。そんなことよりも、漁業者が求めていたのは使い易いツールであった。

（僕は決してミスマッチとは思っていない！）に興味を示し、この日だけではなく何度も取材のために留萌を訪れていた。天気は良かったが、途中から潮が速くなり、３回目の操業後に帰港することになった。全隻が昼過ぎに帰港したことと、翌日が休漁日ということもあって、夕刻から留萌地区なまこ部会が盛大なバーベキューパーティーを開催してくれた。参加した漁業者全員がｉＰａｄを手にしており、ＮＨＫのカメラマンにとっては絶好のシーンが演出された。

この場で学生が手分けをして、閲覧用デジタル操業日誌を漁業者のｉＰａｄにインストールし、丁寧に使い方を説明した。そして、一部の漁業者からは、「漁期が終わったらｉＰａｄを返すの？」と聞かれた。次年度に向けて、よりｉＰａｄに慣れ親しんでもらうことができれば、新たな提案も可能になる、そう思って、「どうぞ、そのまま持っていてください。自由に使っていただいてかまいません」と答えた。

漁業者主体の資源管理への第一歩

　8月9日、留萌地区なまこ部会は2011年の漁期打ち切りを決定した。この意思決定こそ、マリンITが実現した漁業者主体の資源管理の第一歩であった。6月16日の解禁日から足掛け9週の間に、佐野さんの留萌マナマコ資源速報は9回発行された。後日、部会長から聞いたお話が印象的だった。「以前は無線で漁期打ち切りを呼びかけても、みんな基準が違うので話がまとまらなかった。情報共有によって共通の基準ができたことから、今年はここまでと話をまとめることができた」

　iPadの活用に対して、当初、疑心的な意見が大半であった。「潮をかぶるような環境で使えるのか?」、「漁業者が丁寧に扱ってくれるのか?」といった意見である。僕自身、船上で使うことはあまり心配していなかったが、漁業者がどう取り扱うかについては少なからず心配していた。しかしながら、2010年に採用したタッチパネルパソコンは1台約30万円であった。それに比べてｉＰａｄは1台約5万円と、6分の1の価格である。つまり、タッチパネルパソコンを1台購入する予算で、ｉＰａｄを6台購入することができるのである。まぁ5台までは画面を割られても、海に落とされても怒らないようにしよう、そう心に決めていた。ところが、ふたを開けてみると、誰一人、画面を割ることも、海に落とすこともなかった。ｉＰａｄが漁業者に大切に扱われたということは、漁業者が真剣に資源管理を考えているということなんだな、と思った。

8月31日夕刻、ＮＨＫの「ネットワークニュース北海道」で、リポート*が放映された。留萌での取材にあたり、僕がカメラマンにひとつだけリクエストしていたことがある。それは、「若い漁業者を積極的に取り上げて欲しい」ということだった。米倉さんは留萌で有名な漁業者である。だから、いまさら取り上げられても、何かが大きく変わることはない。それよりも、若い漁業者が取り上げられることによって、例えば、そのお子さんが「〇〇ちゃんのお父さんテレビに映ってたね。かっこいいね」と友達に言われ、そのことをお父さんに

＊「IT 化で漁業資源を守れ」NHK エコチャンネルで視聴可能

マリン IT の船団旗

小型漁船に掲げられたマリン IT の船団旗。旗はボロボロになっても誇らしげな表情をしている。マリン IT のシンボルマークの魚にはノーマルとワルの 2 種類の顔がある（p.152 参照）。船団旗のほか、シンボルマークをバックプリントしたマリン IT のツナギもあり、フィールドワークのユニフォームとなっている。

うれしそうに話せば、きっと今よりも漁師であることに誇りを持って、もっともっとかっこいい漁師になるキッカケになるだろうと考えたからである。

その意味で、リポートは僕の期待を裏切らない素晴らしい出来栄えであった。放映が終わると、すぐに米倉さんからメールが届いた。「いいリポートだったけど、俺が映ってない…」。確かに、留萌でカメラマンの面倒を一番みてくれていたのは米倉さんだった。「すみません」と心の中でつぶやいた。

9月7日には「おはよう日本」で同じリポートが放映された。その日の午後、携帯電話が鳴った。表示を見ると前職でとてもお世話になった長崎県対馬のイカ釣漁船の船頭からである。「おぉ〜、テレビ見たぞ！　お前変わっとらんなぁ」と言った船頭もまったく変わっていなかった。「いい仕事しとるのぉ、がんばれよ！」と言ってくれた。船頭の笑顔が頭に浮かび、とてもうれしかった。リポートの効果は絶大で、大学にも多くの問い合わせが届いた。

研究者も漁業者もワクワク

２０１１年12月17日、この年も湯の川で恒例の座談会が開催された。もちろん、リアルタイム資源評価システムも話題のひとつとなった。嫌われないデジタル操業日誌というコンセプトが功を奏したのか、または、ｉＰａｄというツールそのものが漁業者との親和性が高かったのか、いずれにしても漁業者は僕らの期待以上にｉＰａｄを使い慣らしてくれた。そこで、２０１２年の漁期に向けて、ｉＰａｄをより積極的に活用することにした。

デジタル操業日誌については、この年の実験で備考欄に、海に放流した漁獲サイズ未満のマナマコの数量が記されていることが多かったため、入力項目を１つ追加して、操業開始時刻、操業終了時刻、漁獲量、放流量の４項目とすることにした。

また、位置情報の共有のために、新たなアプリケーションを開発することになった。前述のＧＰＳプロッタは約70万円と高価であることから、３隻の小型漁船にしか設置できていなかった。そこで、ＧＰＳプロッタと同等の機能をもつアプリケーションがあれば、位置情報を共有することができ、資源分布図も表示することができると考えた。何より、小型漁船に設置するＧＰＳプロッタとは異なり、ｉＰａｄなら自宅でも情報を活用することができる。

さらに、佐野さんが手作業で計算していた初期資源量を自動計算するプログラムを畑中さんが開発することになった。こうして、２０１２年の漁期に向けて、着々と準備を進めていった。ひょっとすると、漁業者以上に僕らの方が、数値や図となって資源の状態が可視化されることにワクワクしていたのかもしれない。

年が明けて2月4日、留萌を訪問した。顔を合わせた漁業者から「先生、ｉＰａｄ返すわ」と唐突に言われた。「えっ？？？」２０１２年の漁期も一緒に取り組むつもりでいたのに、スレ違いがあったのだろうか…。「自分でｉＰａｄ買うから」と続いた漁業者の言葉に早合点であることがわかり、ホッと胸をなで下ろした。

3月23日には留萌で恒例の報告会が開催された。僕は２０１２年の漁期に向けた準備状況を説明した。懇親会の席ではひとりふたりと、ｉＰａｄを自分で

第二徳漁丸に描かれたマリン IT のシンボルマーク

米倉さんの長男（第二十七徳漁丸船長）が第二徳漁丸に描いたマリン IT のシンボルマーク。漁業者と研究者の一体感を象徴している。ナマコ桁網漁が終わると、休むまもなくエビ漕網漁の準備が始まる。第二徳漁丸には 5 名の漁業者が乗り込む。エビ漕網漁は冬季の雇用を創出している。

購入することを宣言する漁業者が現れた。雰囲気にのまれたのか、結局ほとんどの漁業者が、自分でiPadを購入することになった。

ユーザセンタードデザインを貫く

2012年5月9日、留萌市内のホテルで留萌地区なまこ部会総会が開催された。僕は出席することができなかったが、その場で大きく3つのことが決まった。1つ目は、任期満了による部会長の交代で、米倉さんが新しい部会長になった。2つ目は、前年の10隻からさらに増えて、全16隻で資源管理に取り組むことになった。3つ目は、これまで6月16日としていた解禁日を7月1日に遅らせることになった。

この3つ目の決定が、僕には一番大きく影響する変更であった。操業日数を減らす代わりに、1日の操業時間を長くすることになったのである。これまでは、朝8時から夕方4時までの8時間が操業時間であった。これからは、朝6時から夕方4時までの10時間が操業時間となる。

「操業は1時間に1回が限度」という漁業者の言葉から、デジタル操業日誌は1日8回の操業を想定した画面レイアウトとなっていた。新たな開発はほぼ終えており、この年は余裕をもって解禁日を迎えることができると思っていたが甘かった。急いで岡本さんに相談した。10回の操業を想定した画面レイアウトに変更すると、文字が小さくなり、ボタン間隔も狭くなってしまう。何より、見た目のイメージが変わってしまうことで、漁業者に少なからず抵抗感や違和感を与えてしまう。画面レイアウトの変更は、あくまで漁業者が気づかない程度の軽微な範囲にとどめる、というデザインの方針を固めた。

この打合せを通じて、「嫌われない操業日誌」というコンセプトは、情報デザインの世界で「ユーザセンタードデザイン」と言われるものに通じることを知った。使われる機械や道具の都合を中心に考えるのではなく、使う人間の都合を中心に据えてデザインする手法である。

デザインの方針を決めると、大石さんを訪ねて大阪に飛んだ。不必要な画面遷移は行わない、9回目の操業データが入力できないのではないかという不安感を与えない、の2点を実現する実装方法を大石さんと一緒に検討した。その結果、8回目の操業開始時刻が入力されるまでは、これまでと同じ画面を表示しておき、8回目の操業開始時刻が入力されると下から上方向に画面がゆっくりとシフトし、画面下部では隠れていた9回目の操業データの入力欄が現れ、同時に画面上部では1回目の操業データの入力欄が隠れる。同様に、9回目の操業開始時刻を入力すると10回目の操業データの入力欄が現れ、2回目の操業データの入力欄が隠れる、という仕様とした。こうすることで、常に8回分の操業データの入力欄が表示されており、見た目のイメージは変わらない。かつ空白の入力欄が必ず表示されることから、次の操業データが入力できないのではないかという不安感を与えない。

2012年の漁期に向けた事前説明会まで残り1カ月。この年も、大石さんに開発の無理なお願いをすることになってしまった…。

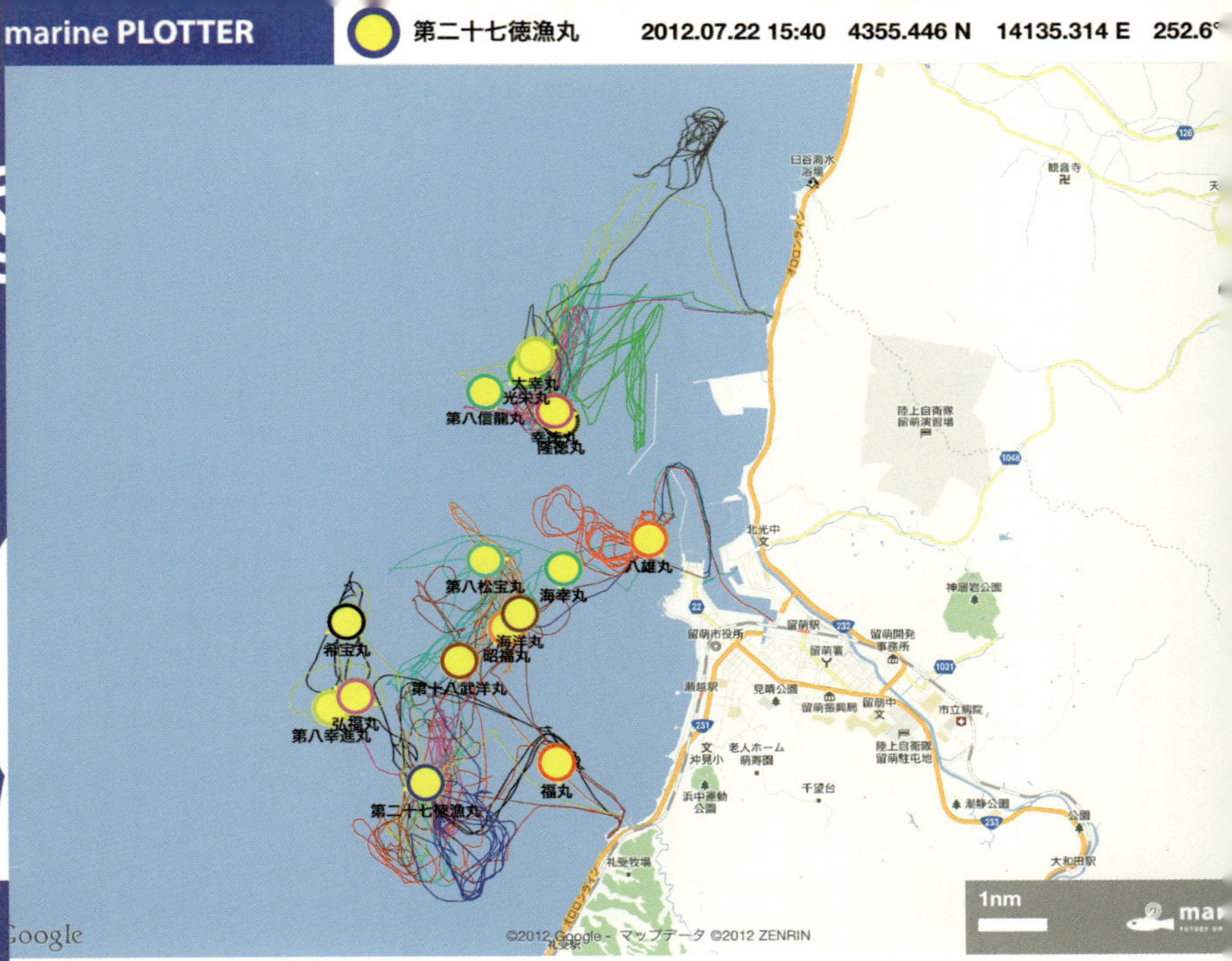

マリンプロッタの画面
資源も情報も共有することで持続可能な水産業が実現する。マリンプロッタで位置情報を共有することによって、漁場の効率的な活用や技術継承が可能になった。また、漁業者の家族による「見守り」も実現している。航跡だけではなく等深線や佐野さんが作成した資源分布図を背景画像として表示することもできる。

高まる漁業者との一体感

5月22日、開発を進めていた新たなアプリケーション「marine PLOTTER（以下、マリンプロッタ）」が完成、アップル社のダウンロードサイト、Ａｐｐストアでの配布を開始した。小型漁船の位置情報を共有するマリンプロッタは、ナマコ桁網漁だけではなく、タコ樽流し漁やカレイ刺し網漁でも活用することができる。そのため、事前に使ってもらうことで、少しでも使い慣れた状態でナマコ漁の解禁日を迎えてもらいたい、と考えていた。

6月12日の夕方、新星マリン漁業協同組合の会議室で事前説明会が開催された。海での仕事を終えた漁業者がｉＰａｄを片手に集まってきた。1年前とは異なり緊張した雰囲気はなく、一様に笑顔であった。僕は変わらないようで少し変わった、２０１２年版のデジタル操業日誌の使い方を説明した。

7月1日、いよいよ解禁日を迎えた。ほとんどの小型漁船は、岡本さんがデザインしたマリンＩＴの船団旗を空高く掲げていた。それは、ＩＴ漁業に取り

マリン IT の船団旗を掲げる小型漁船

IT 漁業を推進する漁業者は、空高く誇り高くマリン IT の船団旗を掲げている。新星マリン漁業協同組合留萌地区なまこ部会の先駆的な IT 漁業の取り組みは、全国から注目が集まる。多くの IT 企業が見学に、マスコミが取材に訪れるようになった。漁業者の意識も高まり、相乗効果がうまれている。

組む漁業者と僕らの強い仲間意識を象徴しているかのようだった。全16隻体制になったこと、デジタル操業日誌に変更を加えたことにより、トラブルが発生する可能性があったこともあるが、何よりも早朝から頑張っている仲間（漁業者）と離れていても一緒に頑張ろうと思い、最初の1週間は5時半に大学に行くと決め、1時限が始まる9時までの間、毎日研究室で第二十七徳漁丸のネットワークカメラの映像と、マリンプロッタの画面を見ていた。

この夏の日本海は穏やかで、最初の1週間は毎日出漁することができた。操業2日目には10回の操業を行った小型漁船もあったが、混乱もなく、データは無事サーバにアップロードされていた。10隻から16隻に増えたことで、初期資源量の推定値は漁期の早い段階で収束するようになった。

佐野さんは、前年の「留萌マナマコ資源速報」をバージョンアップした「留萌地区マナマコ資源診断票」を毎週発行した。7月が終わるころには、畑中さんの初期資源量を自動計算するプログラムも動き始めた。あっと言う間に1カ月が過ぎ、8月2日、漁期が打ち切られた。

佐野さんが留萌地区の初期資源量を最初に計算した2008年の値は85・7トンであった。その後、2009年は66・6トン、2010年は58・7トンと減少を続けたが、iPadを導入した2011年は60・0トン、そして、2012年は85・0トンとV字回復しており、漁業者主体の資源管理の効果が現れてきた。

アップル社への不服の申し立て

9月になると、少し気が早いが、2013年の漁期に向けてデジタル操業日誌をAppストアで配布する準備を始めた。ところが、アップル社のアプリケーション審査で却下されてしまった。彼らの言い分を要約すると「スワイプもピンチも使わない、こんな退屈なアプリケーションを我々は望んでいない」ということだった。困ったな…と思ったが、大石さんが不服の申し立てを行うことを勧めてくれた。そこで、少しアメリカ人っぽく？主張してみた。申し立ての内容は、およそ次のようなものである。

「確かに、あなたたちアップル社が作ったiPadは画期的なものだ。しかし、何かを見落としていないか？ ソフトウェアはそれだけで動くものではなく、ハードウェアがあってはじめて動くものだ。あなたたちはiPadのソフトウェアにばかり視線が向いていて、すばらしいハードウェアのことを忘れている。日本では漁業者がiPadを使い始めている。このアプリケーションがキッカケとなって、今後、世界中の漁業者がiPadを使い始めることになるだろう。あなたたちはこのビジネスチャンスをみすみす捨てるのか？ それは賢明ではない」と。1週間後、僕らの主張は受け入れられた。

北海道科学技術賞受賞

留萌地区なまこ部会の取り組みは先駆的なIT漁業として全国に知られるようになった。そして、僕の名前をインターネットで検索すると「なまこ」という単語が散見されるようになった。

2013年2月22日、とても大きなプレゼントをいただいた。北海道科学技術賞である。このときの様子は学内特別研究費の報告書に記している。少し長くなるが、以下に原文を紹介したい。

「平成25年2月22日、マリンIT・ラボのラボ長である和田は慣れないスーツ姿で札幌グランドホテル本館3階の「新緑の間」にいた。この日のために新調したセミオーダーのストライプ生地のスーツと髪を短く刈りこんだ頭は輝いていたが、それ以上に緊張を隠せないながらもその笑顔は輝いていた。平成24年度北海道科学技術賞の贈呈式である。マリンIT・ラボは「マリンIT分野の開拓と情報を活用した持続可能な沿岸漁業の先駆的取組み」により、北海道の科学技術分野の発展に貢献したとして中島学長の推薦を受け、審査委員による選考の結果、平成24年度北海道科学技術賞を受賞した。マリンIT・ラボは、平成24年4月に設立したばかりの本学の研究組織ではあるが、その活動は平成16年度に遡る。一部の漁業者と数名の研究者でスタートした「IT漁業」の取り組みは、いつしか仲間を増やし、その活動は「マリンIT」として本学における重点領域の研究テーマのひとつとなった。贈呈式において、和田は、マリンＩＴ・ラボのメンバー、未来大、そして、最大の功労者である漁業者、さらには、マリンＩＴ・ラボの活動を支援・応援してくださる多くの皆様を代表して、高橋はるみ知事の代理である高井修副知事より賞状を授かった。受賞者挨拶は、そのときの心境を素直に表現するつもりで読み上げは用意しておらず、また、緊張していたことから挨拶の全文は記録にも記憶にも残っていないが、団体として評されたことの喜びと、関係各位への感謝の気持ちは、伝えられたかと思っている。何よりも嬉しいことは、贈呈式に稚内水産試験場、留萌市、新星マリン漁業協同組合、そして漁業者が一緒に参加したことである。このように、本学におけるマリンＩＴの活動の和は、組織の枠を超えて輪となり、さらには、環になろうとしている」

その後、２０１３年には入力用と閲覧用のデジタル操業日誌を統合し、２０１４年にはデジタル操業日誌にグラフ表示機能を追加するなど、漁業者のＩＴスキルの向上に合わせて、毎年少しずつリアルタイム資源評価システムを進化させている。

北海道科学技術賞の祝賀会

北海道科学技術賞の受賞をみんなで祝った。平成 24 年度は 2 名、1 団体が受賞した。昭和 35 年度以来毎年行われているが、団体の受賞は希少であり、マリン IT・ラボが 18 団体目である。後列左から 3 人目が佐野さん、6 人目が米倉さん。前列左から 2 人目が和田。みんな笑顔である。

2013年の座談会は、留萌の漁業者の強い希望で、函館ではなく留萌から比較的近い札幌で開催した。集まったのは総勢19名、そのうち、留萌からは10名の漁業者と2名の留萌市職員が参加してくれた。もちろん、常連の畑中さん、佐野さん、岡辺さんも参加している。

このような場で漁業者と一緒に次のアイデア出しを行い、一緒に形にしていくことは研究者にとっても、漁業者にとっても、とても楽しいことである。また、楽しいだけではなく、システム開発の効率が非常に高くなる。研究者は漁業者のニーズを理解することで、具体的な提案をすることができるし、漁業者は具体的な要求をすることができる。システム開発の初期段階でイメージの共有ができていることから、大きな作り違いは生じないし、漁業者によるプロトタイプの評価も迅速である。何よりも、開発に携わったことで、完成したシステムに対して漁業者も強い愛着を持つ。こうした開発のプロセスにおける作り手と使い手の関係形成は、近年、岡本さんをはじめ、はこだて未来大学の情報デザインが積極的に導入している「参加型デザイン」（154ページ参照）の象徴的な事例と言えるだろう。

最近わかったことがある。僕らの取り組みは簡単に言うと、ITを活用した海洋環境と水産資源の「見える化」なんだと。

健康管理にたとえてみよう。身体に悪いとは知りつつも、大丈夫だろうとタカをくくって不摂生を繰り返す。病院に行って検査をし、医者にレントゲンを見せられ、深刻な病状であることが分かると、あわてて生活を改善する。資源管理もきっと同じで、獲り過ぎは良くないと知っていても、見えないとまだ大丈夫だろうと思って獲ってしまう。ところが、数値や図として資源の状態を見せられると深刻さは一目瞭然で、水産試験場に言われなくても、漁業者が主体的に資源を管理するようになる。喩えていえば僕らは、海洋環境と水産資源を見える化するエックス線技師なのかも知れない。

海を越え世代を超えるマリンIT

2014年の3月、43回目の誕生日を迎えて、僕は引退宣言をした。もちろんマリンＩＴから離れるということではなく、野球にたとえるとプレイヤを引退するという意味である。マリンＩＴは僕のライフワークであり、活動の輪が広がることを期待しているし、楽しみにもしている。だからこそ、年齢相応の役割があるのではないかと考えている。多くの人が僕らの取り組みを応援してくれたように、今度は僕らの次の世代の研究者が、漁業者と一緒に楽しみながら活動できる環境を提供していきたい。

これまでのように回路図を描いて、プログラムを書いて、現場を走り回る活動は、僕にとって、とても楽しいものであるが、プレイヤとしての研究活動は、45歳の誕生日までと考えている。45歳からの5年間はコーチとしてヒトを育てたり、ワザを伝えたり、カネを集めたりしながら、マリンＩＴの発展と後継者の育成に取り組んで行きたいと考えている。同時に、僕自身が社会勉強をして、50歳になって担うべき新たな役割が果たせるよう成長しなくてはならない。

２０１４年8月3日、はこだて未来大学のオープンキャンパスが開催され

はこだて未来大学のオープンキャンパス
毎年8月上旬の日曜日にオープンキャンパスを開催している。百聞は一見に如かず。パンフレットでは体感することのできない、はこだて未来大学の特徴である「オープンスペース、オープンマインド」を肌で感じた生徒の目は輝いている。また、10月上旬には2日間にわたる未来祭（学園祭）を開催している。

た。よく晴れた日で学内は多くの高校生と、強い日差しによる熱気で蒸しかえっていた。ふと見ると、マリンITのポスターの前にひとりの男子生徒がいた。眺めているという感じではなく、明らかに見入っていた。声をかけてみた。テレビでマリンITの取り組みを見て、はこだて未来大学を受験することを決めたのだそうだ。まったくどこかで聞いたような話である。(本書の冒頭に記した話に重なる…)。道北の離島からやってきた彼の父親は漁業者だという。「ユビキタスブイ」、「マリンブロードバンド」などなど、彼は次々にマリンITのキーワードを口にした。「大学でマリンITを学んで、生まれ育った大好きな島の役に立つ仕事に就きたい」、そう力強く言った彼の真剣な眼差しが印象的だった。

いま、僕らはインドネシアに目を向けている。2030年には人口増加に伴い、世界で約3千万トンの水産物が不足すると言われている。日本と同じ島国であるインドネシアは、世界第2位の養殖業生産量を誇り、日本をはじめ世界各国に水産物を輸出している。インドネシアの養殖業生産量の強化は、世界の

インドネシアでの取り組み
インドネシア海洋水産省はマリカルチャー（海面養殖業）に力を入れており、高級魚であるグルーパ（スズキ目ハタ科）の養殖に取り組んでいる。しかしながら大量斃死や病死が発生するなど、生産が安定していない。そこで、ユビキタスブイを用いて海洋環境との関連を評価している。左が和田。

食料問題の解決につながる、やりがいのある研究課題である。

インドネシア海洋水産省をカウンターパートとして、これまでにバリ島とロンボク島にユビキタスブイを設置するなど、現地での研究活動を開始している。養殖業における斃死（へいし）や病死を抑制したいというインドネシアのニーズは、僕らが解決してきた、かつての日本のニーズに重なる。世界規模の課題解決に、マリンＩＴのシーズで立ち向かう。

「ウルトラマリンＩＴブルー」、岡本さんが選んだマリンＩＴのシンボルカラーである。かつて、天然ウルトラマリンの原料となるラピスラズリが産地のアフガニスタンから海路でヨーロッパに運ばれたことから、ウルトラマリンは「海を越える」という意味を持つ。僕らの取り組みも海を越えた。マリンＩＴの新たな挑戦がはじまっている。

マリンITワークショップ

毎年8月に開催される「函館港まつり」にあわせて、函館でマリンITワークショップを開催している。2014年度は新たにオープンした函館市国際水産・海洋総合研究センターで開催した。佐野さんは常連であり、岡辺さんは念願の初参加となった。毎年全国から仲間が集い、2日間に渡って交流を図っている。

marine_IT
column

マリンITの旗

和田さんは、いつものようにふらっと私の部屋にやってきた。「マリンITの旗」を作りたいと言う。

漁船の旗やシンボルは、威勢が良いものが多く「荒々しい男の世界」を連想させる。しかし、私が出会った漁師さんたちは、親しみやすく実によく笑った。「漁師さん=かわいい」というイメージが浮かんだ。厳しい漁の合間に、漁師さんを和ませるようなキャラクタを作ることにした。キャラクタは、通称「マリンちゃん」。丸、三角、楕円、四角を組み合わせただけの誰でも描けそうなキャラクタにした。

最初の旗は、ウルトラマリンブルーのきれいな旗に仕上がった。キャラクタは、眼がまんまるでキョトンとした印象がかわいらしい。このキャラクタでもっと遊んでみたくなった。少し強面（こわもて）のキャラクタを作って海賊船風の旗を作った。2種類の旗を漁師さんに選ん

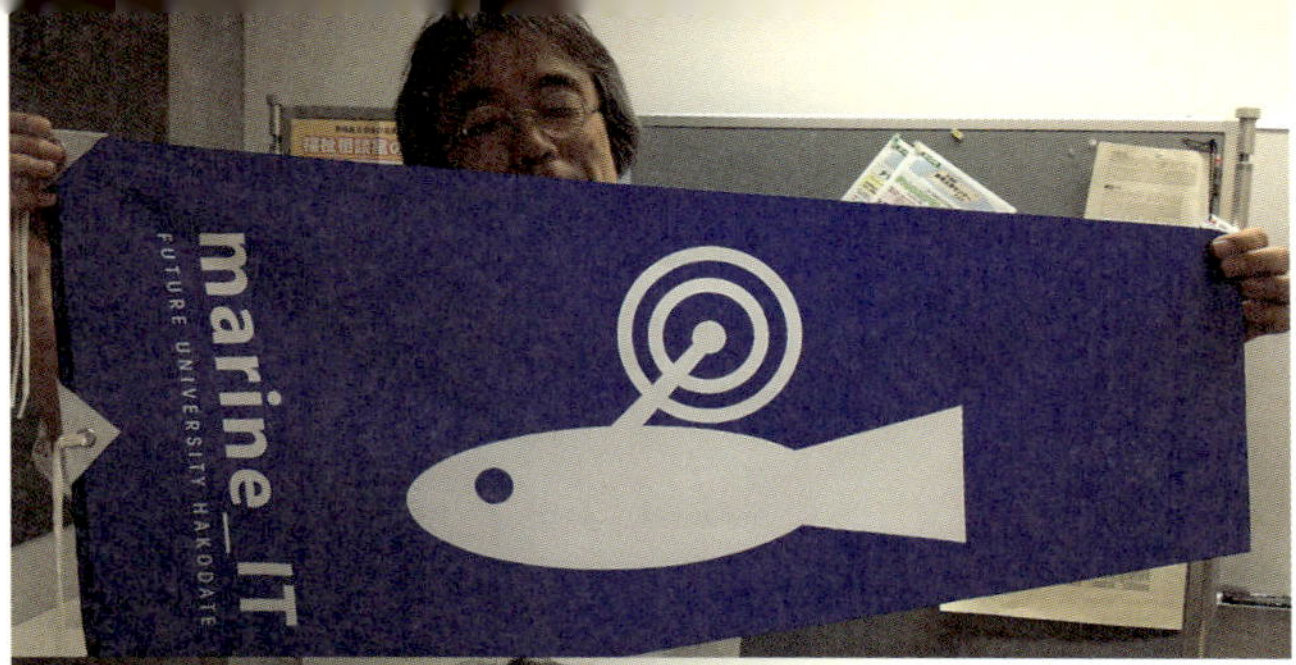

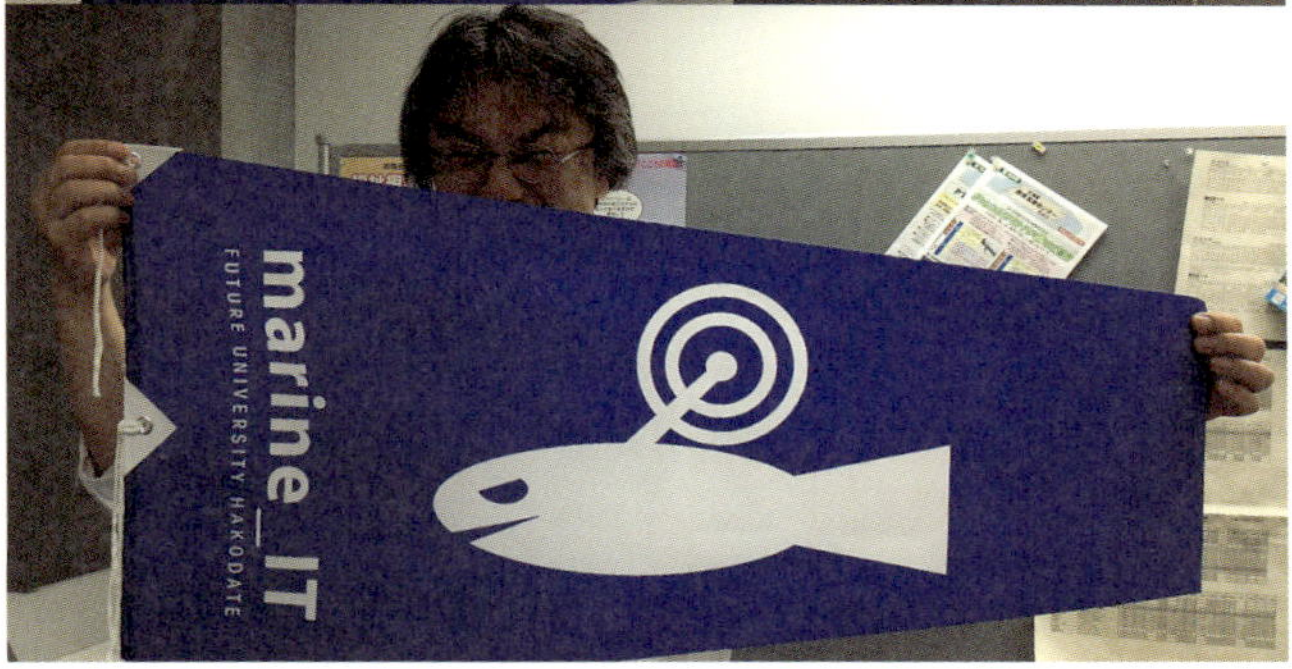

でもらったところ、「かわいい派」と「強面派」に分かれた。このキャラクタは作業着にも飛び火した。研究用の作業着の背中にこのキャラクタたちが印刷された。強面マリンちゃんの作業着の腕のあたりには、追われて逃げるかわいいマリンちゃんも印刷されている。

旗やシンボルを作ることに、最初はあまり意義を感じていなかった。しかし、実際に作ってみると反響がいろいろあった。漁船にマリンちゃんの旗がはためく、マリンちゃんの作業着を漁師さんたちも漁で着てくれる、インドネシアの漁師さんが舟にこの旗を掲げてくれるなど、連帯感のようなものも感じた。留萌の漁師さんがこのキャラクタを自分の船に手書きでペイントしてくれたのを見たときはとても感激した。真似してもらえることは、「共感」してもらえている証（あかし）だと思ったからだ。

（岡本　誠）

marine_IT *column*

参加型デザイン

漁業に関するデザインをするのは、初めての経験だった。現場に行っても、道具の名前やロープの縛り方もわからず、明らかに足手まといである。

私の仕事は、ナマコ漁用の電子操業日誌をデザインすることであった。日中、漁師さんにインタビューを行い、漁の手順や記録の取り方などを質問したが、会話は長く続かない。収穫がないまま、夜の宴会に参加した。宴会会場は大いに盛り上がっている。すると、インタビューに答えてくれた漁師さんが私のほうを向いて手招きする。近くに行ってみると、日中のインタビューとは一転し、話が止まらない。

「先生、北の海は海に落ちたら終わりだ。海の道具は、よくできている。俺たち漁師が船から振り落とされないように、押す、引く、ねじるなど身体が逃げないようにしながら、いろんな操作ができるように作ってある」

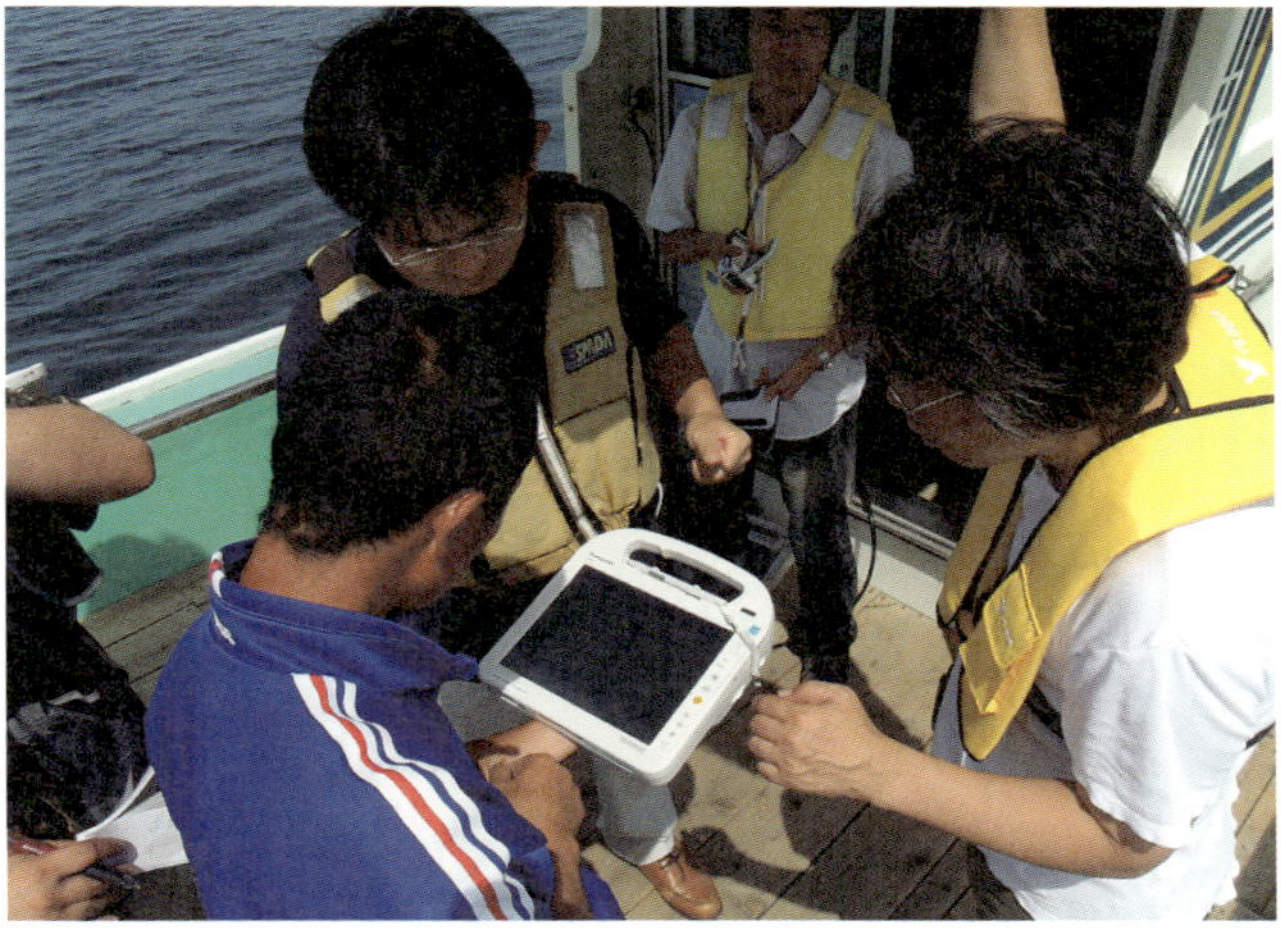

周りの漁師さんも話に加わって、実に面白い話を次から次へと聞かせてくれた。寡黙に見えた漁師さんたちの暖かい人柄に感じ入るとともに、漁師さんや漁の道具の中に、長い間蓄積されてきた「実践の知」を感じた。

デザインの教科書には、現場調査の技術がたくさん紹介されている。しかし、どれも「都会的な」手法である。私がここ十年来取り組んでいるのは参加型デザインという手法である。デザイナひとりで考えるのではなく、実践者と一緒に考え創っていくデザインの方法である。デザインのアイデアを生み出すためには、漁師さんの要望や課題を聞き出すことが大切だが、中途半端なインタビューでは本音を知ることができなさそうである。現場に沿った参加型デザインにとって、酒宴のような非公式な場は良いインタビューのかたちのひとつだと思った。

（岡本　誠）

あとがき

本の中でも書いたように、僕は水産学部を卒業したのち、「機械化で水産業に貢献する」という志を実現するため民間企業に就職し、漁業用省力機器を開発していた。転機となったのは、地球温暖化による海洋環境の変化であった。「どんなに機械化が進んでも、海から魚がいなくなったら水産業は成り立たない」という将来の水産業に対する危機感がきっかけとなり、「情報化で水産業に貢献する」という新たな志を実現するため、産から学への転職を決意した。

公立はこだて未来大学に着任したのが２００５年の1月のことであるから、それからちょうど10年が過ぎたことになる。この10年間、前だけ向いて全力で走り続けてきたように思うので、本書の執筆はこれまでの取り組みを振り返り、改めて周りを見回すととても良い機会となった。10年前、マリンＩＴという研究領域はなかった。まさか、10年の間に、こんなに多くの研究者、漁業者といった仲間と一緒に、大学や地域のあたたかい支援のなかで研究活動に打ち込み、マリンＩＴという研究領域を確立できるとは思ってもいなかった。

本書の執筆を終えて、僕はこの10年間の取り組みに対し、２通りの自己評価をしている。ひとつは、水産業の情報化をここまで進めたという評価。もうひとつは、水産業の情報化をここまでしか進められなかったという評価。正反対の評価となったのは、10年前、具体的な未来像を描いていなかったためである。つまり、目標に到達したのか、到達していないのか、判断できないのである。それでも、この10年間の過ごし方は決して間違っていなかったと考えている。なぜなら、いまの僕には誇れるものがある。それは、同じ志を持つ研究者と同じ夢を持つ漁業者。僕の大切な仲間である。本書の著者名に「マリンスターズ」と冠したのは、多くの仲間と一緒に書き上げたという思いからである。

10年前、ひとりでは未来像を描くことはできなかった。いまなら、仲間と一緒に具体的な未来像を描くことができる。これから10年後の２０２５年、ＩＴ漁業はスマート水産業に姿を変えている。水産資源と海洋環境のセンシング技術が向上することで「水産海洋ビッグデータ」が生成され、コンピュータの予測に基づく効率的、かつ計画的な生産が行われる。さらに、生産と流通が融合し、水産物の食料安定供給が実現している。未来を切り拓こうとする僕らの目は、星のように輝いている。

さて、はじめにで述べたとおり、本書はぜひ高校生に読んでもらいたいと思って書いた。高校生の読者には「興味の持てる対象に出会うことは、とても素晴らしいことなんだ」という僕のメッセージは伝わっただろうか？ 進学するにしても就職するにしても、ぜひ夢を持った選択をして欲しい。ひとりでも多くの高校生が、素敵な出会いをすることを願っている。

最後に、恩師であり、僕の人生の節目で背中を押してくださった北海道大学名誉教授の天下井清氏、株式会社東和電機製作所代表取締役社長の浜出雄一氏に感謝の意を表します。また、本書に登場した方々はもちろん、登場していない多くの研究者、漁業者の方々と、多くのマリンＩＴの応援団がいることを改めてお伝えし、感謝の意を表します。

本書を企画していただいた元・公立はこだて未来大学講師の沼田寛氏、近代科学社の冨髙琢磨氏、本書を編集していただいた田柳恵美子教授、冨永敦子准教授、近代科学社の高山哲司氏、本書を装丁していただいた原田泰教授、そして本書を出版していただいた中島秀之学長、近代科学社の小山透社長に厚く御礼申し上げます。

２０１５年2月吉日　　和田　雅昭

●著者紹介

和田 雅昭（わだ・まさあき）

公立はこだて未来大学 システム情報科学部 情報アーキテクチャ学科教授。同大学マリンIT・ラボ所長。1971年、静岡県焼津市の生まれ、宮城県仙台市の育ち。北海道大学水産学部卒業。同大学院水産科学研究科修了。博士（水産科学）。株式会社東和電機製作所を経て、2005年、公立はこだて未来大学に着任。2012年より現職。

●コラム執筆協力

戸田 真志（とだ・まさし）

熊本大学 総合情報統括センター教授。1969年、静岡県浜松市の生まれ、同市の育ち。東京大学工学部卒業。北海道大学大学院工学研究科修了。博士（工学）。セコム株式会社を経て、2001年、公立はこだて未来大学に着任。2012年より現職。

●挿画担当／コラム執筆協力

岡本 誠（おかもと・まこと）

公立はこだて未来大学 システム情報科学部 情報アーキテクチャ学科教授。1956年、山口県防府市の生まれ、同県山口市の育ち。鳥取大学教育学部卒業。筑波大学芸術研究科修了。芸術学修士。富士通株式会社を経て、2000年、公立はこだて未来大学に着任。同年より現職。

マリンITの関連情報はこちらのQRコードからご覧いただけます。

http://www.fun.ac.jp/marine_IT/

刊行にあたって

公立はこだて未来大学出版会 FUN Press は、公立はこだて未来大学からの出版として、オープンな学舎と校風にふさわしい未来へ開かれた研究・教育・社会貢献の活動成果を発信します。またシステム情報科学を専門とし情報デザインを擁する大学として、新しい出版技術やデザインを積極的に具現化していきます。出版会のシンボルマークは、ユニークな知をコレクションし「知のブックエンド」にアーカイブしていくという、出版会の理念を表現しています。

マリンITの出帆

舟に乗り海に出た研究者のお話

2015 年 3 月 31 日　初版第 1 刷発行

著　者　和田 雅昭

発行者　中島 秀之

発行所　公立はこだて未来大学出版会

〒041-8655 北海道函館市亀田中野町 116 番地 2

電話　0138-34-6448 FAX 0138-34-6470

http://www.fun.ac.jp/

発売所　株式会社　近代科学社

〒162-0843 東京都新宿区市谷田町 2 丁目 7 番地 15

電話　03-3260-6161（代）　振替 00160-5-7625

http://www.kindaikagaku.co.jp/

万一、乱丁や落丁がございましたら、近代科学社までご連絡ください。

ISBN-978-4-7649-5551-6　　大日本法令印刷

定価はカバーに表示してあります。

FUN Press 公立はこだて未来大学出版会

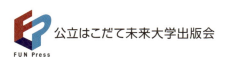